舰船装备保障工程丛书

舰船技术保障装备体系
优化分析技术

胡　涛　杨春辉　王　乐　杨建军　著

科学出版社

北　京

内 容 简 介

本书从体系角度分析舰船技术保障装备建设问题。通过系统分析舰船技术保障系统构成,研究舰船技术保障装备与其他相关要素之间的关系,以及舰船技术保障装备对舰船技术保障能力形成的影响,从而研究形成舰船技术保障装备体系的基本理论。在体系模型的指导下,基于舰船技术保障能力形成过程,分别阐述舰船技术保障装备能力需求分析、舰船技术保障装备体系动态演化,并构建基于成熟度等级模型的舰船技术保障装备能力评估模型。采用系统动力学建模工具研究舰船技术保障装备体系的主要影响因素,并分别对基地级、中继级和舰员级三级维修体系所对应的舰船维修保障装备优化配置、舰船维修保障装备与任务的优化匹配,以及舰船维修保障装备适应性优化决策模型进行分析。

本书适用于高等院校装备管理专业的研究生,也可作为从事舰船技术保障工作的管理人员、研究人员开展舰船技术保障装备的科学规划、计划工作的参考书。

图书在版编目(CIP)数据

舰船技术保障装备体系优化分析技术/胡涛等著 . —北京:科学出版社,2018.3

(舰船装备保障工程丛书)

ISBN 978-7-03-056904-2

Ⅰ.①舰… Ⅱ.①胡… Ⅲ.①军用船-装备技术保障-研究 Ⅳ.①E925.6

中国版本图书馆 CIP 数据核字(2018)第 049574 号

责任编辑:张艳芬 乔丽维 / 责任校对:郭瑞芝
责任印制:张 伟 / 封面设计:蓝 正

科学出版社 出版
北京东黄城根北街 16 号
邮政编码:100717
http://www.sciencep.com
北京中石油彩色印刷有限责任公司印刷
科学出版社发行 各地新华书店经销
*
2018年3月第 一 版 开本:720×1000 1/16
2018年3月第一次印刷 印张:12 1/2
字数:247 000
定价:98.00元
(如有印装质量问题,我社负责调换)

《舰船装备保障工程丛书》编委会

《舰船装备保障工程丛书》序

舰船装备是现代海军装备的重要组成部分,是海军战斗力建设的重要物质基础。随着科学技术的飞速发展及其在舰船装备中的广泛应用,舰船装备呈现出结构复杂、技术密集、系统功能集成的发展趋势。为使舰船装备能够尽快形成并长久保持战斗力,必须为其配套建设快速、高效和低耗的保障系统,形成全系统、全寿命保障能力。

20 世纪 80 年代,随着各国对海军战略的调整以适应海军装备发展需求,舰船装备保障技术得到迅速发展。它涉及管理学、运筹学、系统工程方法论、决策优化等诸多学科专业,现已成为世界军事强国在海军装备建设发展中关注的重点,该技术领域研究具有前瞻性、战略性、实践性和推动性。

舰船装备保障的研究内容主要包括:研制阶段的“六性”设计,使研制出的舰船装备具备“高可靠、好保障、有条件保障”的良好特性;保障顶层规划、保障系统建设,并在实践中科学运用保障资源开展保障工作,确保装备列装后尽快形成保障能力并保持良好的技术状态;研究突破舰船装备维修与再制造保障技术瓶颈,促进装备战斗力再生。舰船装备保障能力不仅依赖于装备管理水平的提升,而且取决于维修工程关键技术的突破。

当前,在舰船装备保障管理方面,正逐步从以定性、经验为主的传统管理向综合运用现代管理学理论及系统工程方法的精细化、全寿命周期管理转变;在舰船装备保障系统设计上,由过去的“序贯设计”向“综合同步设计”的模式转变;在舰船装备故障处理方式上,由过去的“故障后修理”向基于维修保障信息挖掘与融合技术的“状态修理”转变;在保障资源规划方面,由过去的“过度采购、事先储备”向“精确化保障”转变;在维修保障技术方面,由过去的“换件修理”向“装备应急抢修和备件现场快速再制造”转变。

因此,迫切需要一套全面反映海军舰船装备保障工程技术领域的丛书,系统开展舰船装备保障顶层设计、保障工程管理、保障性分析,以及维修保障决策与优化等方面的理论与技术研究。本套丛书凝聚了撰写人员在长期从事舰船装备保障理论研究与实践中积累的成果,代表了我国舰船装备保障领域的先进水平。

中国工程院院士

波兰科学院外籍院士

徐滨士

2016 年 5 月 31 日

前　　言

现代战争对舰船装备保障的要求不断提高,舰船技术保障模式必须适应任务需求,从保障思想、保障空间、保障手段等方面进行深入变革。

舰船技术保障装备是舰船技术保障系统的构成要素之一,要提高舰船技术保障能力、实现保障力与战斗力的同步建设与发展,舰船技术保障装备必须进行顶层规划,成体系地建设与发展。

从体系的角度看,舰船技术保障装备体系包括舰船技术保障对象——舰船技术保障使命任务、舰船技术保障力量和舰船技术保障资源。这些要素的变化和发展使舰船技术保障装备体系不断演化。因此,通过构建体系模型分析舰船技术保障装备体系的需求,基于舰船技术保障装备体系能力进行优化配置及适应性变化,是解决舰船技术保障装备体系建设的基本思路。

本书共 12 章:第 1 章分析舰船技术保障装备体系研究的目的和意义,综述国内外研究现状。第 2 章阐述体系、舰船技术保障装备体系概念,指明舰船技术保障装备体系优化的基本过程。第 3 章研究采用多视图建模方法,构建舰船技术保障装备体系模型,分析视图之间保持数据一致性的主要途径。第 4 章应用基于能力的需求分析方法研究舰船技术保障装备需求,并对舰船技术保障装备进行分类,重点研究舰船技术保障通用装备基于舰船技术保障过程分解的需求分析方法。第 5 章研究应用 IDEF3 和 CPN 方法对舰船维修保障任务进行建模和仿真分析。第 6 章研究舰船技术保障装备体系演化的基本概念和影响因素,在此基础上研究设计演化问题分析的基本框架。第 7 章将成熟度模型引入舰船技术保障装备能力评估过程中,分析具体的成熟度等级含义。第 8 章构建舰船技术保障装备体系的动力学模型,并开展仿真分析。第 9 章研究舰船维修保障装备在基地级、中继级、舰员级三级中类型、数量的优化配置问题。第 10 章应用基于能力的方法,构建舰船维修保障装备优化配置模型,应用遗传算法求解。第 11 章根据任务特点,将舰船技术保障装备体系能力优化目标分为实现顶层规划、满足现实的任务要求和提高舰船技术保障能力水平三类,研究构建在有限费用的情况下舰船技术保障装备体系的适应性优化模型及其求解算法。第 12 章提出基于舰船技术保障装备体系建设过程中开展决策的基本思路和基本流程。

胡涛负责第 1、2、12 章的撰写,王乐负责第 4、8、9、11 章的撰写,杨春辉负责第

3、6、7 章的撰写，杨建军负责第 5、10 章的撰写，全书由胡涛统稿。另外，对在本书撰写过程中提出指导意见和各种帮助的专家、学者、编辑表示衷心感谢。

限于作者水平，书中难免存在不足之处，恳请广大读者批评指正。

作　者

2018 年 1 月

目　　录

第1章 绪 论

1.1 概 述

当前海军正处于战略转型期,舰船技术保障发展也面临着重大转型。发展转型的特征主要体现在:①保障空间,随着舰艇逐步走向远海,舰船技术保障的方式也由过去岸基保障型向海上保障型发展,保障力量由分散单一型向集中综合型发展;②保障手段,舰船技术不断向信息化、网络化方向发展,舰船技术保障也从机械化向信息化发展,技术保障的信息化推动了保障效能的跃升;③保障思想,从军内独立保障为主向军民融合保障转变。舰船技术保障装备是舰船技术保障的重要组成部分,舰船技术保障装备体系建设是确保舰船技术保障转型成功的关键因素。

经过多年不断的建设和发展,海军舰船技术保障装备从无到有、从小到大、从弱到强,初步建立了具有一定规模、专业门类齐全、技术水平较高的保障装备体系,基本适应了海上军事斗争和舰船装备的保障需求,为海军舰船技术保障的进一步发展奠定了坚实的基础,但总体上存在海军舰船装备通用化、系列化、组合化程度低,装备继承率低的不足,给舰船技术保障装备建设带来诸多不便。因此,既要考虑形成综合保障能力,又要结合舰艇型号特点配置相应的舰船技术保障装备。

针对当前海军舰船技术保障装备体系建设现状,通过构建海军舰船技术保障装备体系的模型,研究舰船技术保障装备体系建设水平的评价方法,并结合评价结果,找出体系建设存在的薄弱环节,探究舰船技术保障装备体系持续优化改进的途径和方法。

通过上述研究,从顶层规划、综合评价、持续优化到具体实施,形成海军舰船技术保障装备体系建设的理论体系,为海军舰船技术保障装备发展提供理论和方法支持。

1.2 舰船技术保障相关概念

1.2.1 舰船技术保障

海军舰船技术保障是指为保持、恢复水面战斗舰艇、潜艇、辅助舰船等舰船装备完好技术状态和改善、提高舰船装备性能,以便遂行作战、训练、执勤和其他任务而采取的技术性措施及组织实施相应活动的统称。其主要包括舰船装备的维护保养、修理、技术管理、指挥等。舰船技术保障是海军战斗力的重要组成部分,是决定海上作战胜负的重要因素。先进的舰船装备只有通过有效的技术保障才能达到可用状态,发挥应有的作战效能。为了做好新时期军事斗争准备,完成新世纪新阶段我军的历史使命,必须系统地研究海军舰船技术保障问题。

舰船技术保障的基本任务是运用现代科学技术和有效的保障方式、保障手段,保持、恢复和改善、提高舰船装备的战术技术性能,使舰船装备经常处于良好状态,发挥最大作战性能,保障部队随时遂行各种任务,保证安全,保持部队持续作战能力。

1.2.2　舰船技术保障管理体制

海军装备技术保障体系如同海军装备构成复杂、技术复杂一样,是两级、三级和四级相结合的管理体制。

技术保障中的维护内容在舰艇部队称为技术管理,分为海军、舰队、基地、部队四级。技术保障中的修理等内容,实行海军、基地、部队三级管理体制。没有基地的部队分为海军、舰队、部队三级;有基地的部队分为海军、舰队、基地、部队四级。

1.2.3　舰船技术保障力量

舰船技术保障力量是指国家投资建设、海军领导管理,为海军舰船提供保障服务的单位和人员。其包括所属各企业、事业化工厂、修理厂、技术保障大队、修理所、机动修理队、技术质量监测站、军械技术保障部(分)队和装备器材仓库等单位,如图 1.1 所示。

舰船装备技术保障力量是指国家投资建设、海军领导管理,为海军舰船装备提供保障服务的单位。其包括海军所属各企业、事业化工厂,特装修理厂,技术保障大队、修理所、机动修理队、技术质量监测站、军械技术保障部(分)队和装备器材仓库等单位。其基本构成是具有经过专门培训并掌握装备维修或管理技能的人员,具有装备修理设施设备与工器具、图纸资料以及配件器材等保障资源,具有专门从事舰船装备技术保障的功能。其主要职能是运用现代科学技术和有效的保障资源、采用相关制度规定的保障方式,使装备经常处于良好的技术状态,保持部队的作战能力,保障部队随时遂行各项任务。

按照装备全系统全寿命管理理论,从广义上讲,海军舰船装备技术保障力量还包括军内外具备装备保障能力的装备科研、生产、试验等单位以及装备职掌人员。

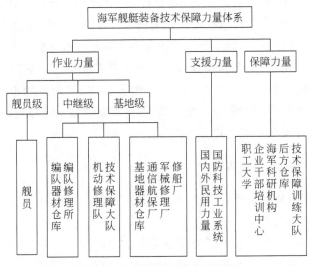

图 1.1　舰船技术保障力量体系

1.3　舰船技术保障装备相关概念

1.3.1　舰船技术保障装备

本书所指的舰船技术保障装备与舰船技术保障设备内涵基本一致,因此本书余下章节对这两个概念不加以区分。

舰船技术保障装备按照功能用途,通常划分为以下四类:

(1) 维修作业设备。主要包括用于维护、检查、调整、分解、装配零部件的手工工具,如螺丝刀、扳手、钳工工具等;用于确定装备技术状况的测试、测量和诊断的仪器与设备,包括检查设备、测量设备、试验设备等,如无损伤检测设备、试验台、试车台、信号源、自动测试设备、真空器件老练装置等;用于分解、装配、调整、研磨、机加工、连接、热处理、表面处理、表层强化、抢救等修理所用的工具和保障装备,包括抢救设备、抢修设备、故障诊断设备、机械加工设备、修理工艺工装、表面喷涂设备等。

(2) 装备物资供应设备。包括武器供应(补给)设备、器材供应(补给)设备和其他供应(补给)设备,如器材补给车等;用于装卸搬运的设备、拆码垛设备、仓库自动化设备、仓库辅助设备等,如工作架(梯)、升降车、叉车、装载机械等。

(3) 指挥管理设备。主要是指用于舰船装备技术管理和技术指挥的设备以及通信、防卫等辅助设备等。其具体包括信息收集、信息传输、信息处理、信息显示、信息存储、信息反馈设备以及配套指挥设备,如计算机设备、通信网络和信息终端等。

（4）技术训练设备。主要是指用于舰船技术保障人员业务训练场所和配套设备器材，如训练基地、专业技术院校的教学样机、训练模拟器、辅助示教系统等。

由上述定义可以看出，舰船技术保障装备为舰船技术保障任务提供物质支撑，涉及指挥管理、人员训练、维修作业和物资供应等各个环节，维修作业相关的舰船技术保障装备则又可以进一步细分到各个维修环节，并对应到不同的舰船装备。因此，从舰船技术保障能力形成的角度来看，各类舰船技术保障装备必须相互协调发展，促使舰船技术保障能力稳步提高。

1.3.2　舰船技术保障装备体系

体系是系统组成的系统，也是目前大部分大规模复杂系统、组织、自然环境等普遍存在的结构形态。

舰船技术保障装备体系是指为完成动态变化的舰船技术保障任务，舰船技术保障装备通过与相关的舰船技术保障力量、技术资料、装备、管理体制等要素相互协同而形成的整体。舰船技术保障装备体系与其他体系一起构成海军装备体系。

1.3.3　舰船技术保障装备体系构成要素

从舰船技术保障要素的角度出发，为完成各项使命任务，舰船技术保障装备体系应当包含如下构成要素。

（1）舰船技术保障对象：各类舰船装备。舰船装备不同，对应的保障任务存在区别，舰船技术保障装备也有较大差异。例如，舰船动力系统有核动力系统（核潜艇）、蒸汽动力系统（航母）、柴油机–燃气联合动力系统（驱逐舰）、不依赖空气推进（air independent propulsion，AIP）系统（常规潜艇）、柴油机动力系统（护卫舰）等。不同的动力系统保障方式不同，技术保障装备差异显著。采用柴油机动力系统，不同型号的柴油机保障装备也可能无法通用，如 MTU（Motoren-und Turbinen-union）柴油机的维护、修理有严格的规范要求，相应的专用工具、设备达数百件。

（2）舰船技术保障力量：如 1.2.3 节所述，舰船技术保障力量是具体实施舰船技术保障任务的主体。

（3）舰船技术保障资源：完成舰船技术保障任务所必需的各类物质基础，包括舰船技术保障、设施、技术资料、法规标准等。其中，舰船技术保障设施包括船坞、船排、厂房等固定建筑、系统；技术资料包括舰船技术保障所需的舰船装备图纸、说明书、舰船技术保障任务工艺要求等；法规标准主要包含舰船技术保障管理体制、条例等。

（4）舰船技术保障使命任务。

舰船技术保障装备体系构成如图 1.2 所示。

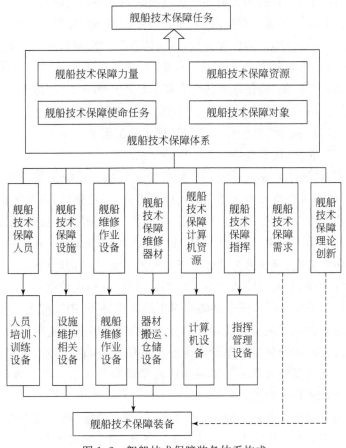

图 1.2 舰船技术保障装备体系构成

1.4 舰船技术保障装备体系理论与工程技术的发展

1.4.1 体系构建

体系(system of systems, SoS)一词最早出现在 1964 年讨论城市的一篇论文[1]中,从其提出到发展演化,经历了激烈的讨论,目前一般将其归为系统科学,是系统科学对大规模复杂系统的综合研究。

体系与一般系统的区别体现在体系的组成部分在运行上的独立性、管理上的自主性、地域上的分布性以及整体上体系展现的涌现性、演化性[2]。因此,体系采用传统系统工程的相关理论方法进行分析并不断产生新的问题。在这种大背景下,体系工程(system of systems engineering, SoSE)应运而生。体系工程在分析和解决不同种类的、独立的和大型的复杂系统之间的协调问题时更加具有针对性。

各界对体系工程发展也存在许多不同的理解,相应的在概念、定义上存在许多不同。文献[3]从生命周期的过程出发,认为体系工程主要目标就是确定体系对能力的需求;美国国防防务大学 Kaplan[4]认为,体系工程的目标是在性能、资源和风险等目标之间进行权衡,确保体系演化发展满足用户需求,并使体系具有较好的鲁棒性和适应性。与此相类似,文献[5]也认为体系工程与系统工程最大的区别在于体系工程更注重体系的发展演化;文献[6]把体系工程的主要工作看成对组成体系的复杂系统进行转换,使其变成更高层次的元系统。

综合来看,体系工程是对系统工程的延伸与增强。系统工程一般的研究思路是自底向上,体系工程则沿着自顶向下的研究方式,关注整体,全面解决问题,具有较强的灵活性。由此可见,体系工程是通过设计、开发和集成复杂大系统来完成特定任务并获得期望的效果,实现能力、使命或期望结果的理论、方法和技术。其核心思想包括两个方面:基于能力的体系需求开发和体系结构设计方法。

在军事应用领域,武器装备体系工程相关研究、应用比较集中。

武器装备体系是在国家安全战略和军事战略指导下,由功能上相互联系、性能上相互补充的各种武器装备系统,按照一定结构综合集成的更高层次的武器装备系统。为了能够对武器装备体系开展系统深入的研究,首先必须对武器装备体系进行建模。目前典型的武器装备体系描述模型是采用体系工程的方法,对复杂武器装备体系进行多视图建模。

多视图体系结构方法是一种融合人的行为、系统功能、技术规范与所期望的能力之间相互作用的系统研究方法。该方法从作战、系统和技术等不同视角对需求、系统的行为模式和相关技术规范与标准进行模型构造,架起了不同领域、不同人员之间沟通的桥梁,提高了系统设计的可预见性和可管理性;同时,提供了可以量化分析的技术和手段,验证和评估设计的科学性和准确性,减少由个人经验和能力局限造成的设计风险,提高系统设计质量,降低系统开发成本。目前,美、英等国发布的国防部体系结构框架和北约组织的体系结构框架正是指导、规范顶层设计的最新研究成果[7~11]。

同其他体系需求内容相比,武器装备体系需求具有如下:①不确定性强,复杂程度高;②内容以功能性需求为主,具有明确的层次结构。基于以上特点,目前对复杂武器装备体系建模的研究更侧重从能力的角度入手。

在军事领域,能力是指在规定的条件和标准下,装备或军事组织具有的完成一组任务并达到预期效果的本领。武器装备体系能力是指在给定条件下,武器装备体系具备的执行一组任务达到预期效果,完成使命任务的本领。武器装备体系的能力既包括体系内单个装备或几个装备组合具有的能力,也包括武器装备体系整体提供的能力。基于能力的体系需求开发是指:为尽可能达成作战目标和效果,对能力以及实现能力的各类项目进行规划,探索最优的能力解决方案和体系发展方案。在这种需求开发思想的指导下,确定军事需求的重点由原来关注"敌人是谁,战争会在何时、何地发生",转而关注"战争将以何种方式进行",是从"基于威胁"向"基于能力"转变,它从国家的长远利益出发,以能维护国家利益所应有的军事实力为目标来发展武器装备体系[12]。因此,武器装备需求论证的重点由传统的单平台、单型号论证转向成系统、成体系的论证,追求整体作战能力的提升,不断寻找整个体系的缺陷,并通过装备发展的途径去解决。

近年来,由澳大利亚、加拿大、新西兰、英国、美国共同建立的技术合作计划(The Technical Cooperation Program,TTCP)就体系能力展开了专题研究,探索了能力建模、基于能力的评估、基于能力的规划等问题。赵青松等[13]研究了武器装备体系能力的形式化描述和能力空间的结构问题,Lu等[14]研究了基于复杂关系分析的体系能力建模问题,董庆超等[15]提出了一种面向C4ISR能力分析的领域特定描述语言构建方法,张维明等[16]提出了基于本体的C4ISR能力需求开发建模。程贲等[17]提出了一种基于本体的能力多视图模型构建方法,建立了6个能力视图的元模型。张送保等[18]研究了一般的复杂体系建模过程。根据复杂体系的概念及其所呈现出的多种特性,利用复杂体系的使命分解和复杂体系的元素组成对复杂体系进行综合的结构分析,描述了目标分解、功能分解和行为分解的复杂体系使命目标三阶段分解过程以及系统单元、复合单元和体系外部环境的复杂体系三元素结构框架。

当前的武器装备体系分析模型往往需要对使命任务进行分解,分解细化到对应的平台或者系统,以方便执行。将任务分解为活动而进行武器装备体系能力需求分析,从使命任务需求中"牵引"出能力需求,是目前能力需求分析中比较常见的一种方法[19]。

武器装备体系、武器装备系统和武器装备单元完成的使命(作战)任务呈现出层次性,因而武器装备体系能力也呈现出层次特性。伴随着使命任务的逐层细化分解,武器装备体系被分解成一系列完成相对单一使命任务的不同层次的系统。在分解过程中,武器装备体系能力作为完成使命任务所具备的本领的同时,也被细化分解到装备系统的功能层次,最终形成武器装备体系能力的层次结构[20]。

1.4.2　体系优化

武器装备体系研究的根本目的是武器装备体系优化,核心是比较和选择[21]。

体系优化是一个复杂的多目标、多约束条件优化问题,由于武器装备体系复杂、优化层次多、优化要素广,因此优化目标分为四类[22, 23]:一是体系能力结构优化,用于满足各种作战任务需求;二是体系组成结构优化,提供满足能力结构要求的合理装备组成;三是体系规模结构优化,在满足能力需求和经费约束的条件下,寻求各类装备的合理数量和比例;四是体系质量结构的优化,寻求新老装备合理的搭配比例。

优化选择的目标可以是效费比最大、对使命任务适应度最大、对任务变化鲁棒性最强、获得信息与决策优势等。目前主要的优化方法有以下几种。

1. 数学规划方法

数学规划方法建立体系优化模型,主要以体系效能、效费比作为优化目标,分层次建立体系、各子系统性能、费用及效能模型,并根据体系边界条件、费用约束条件进行优化求解。数学规划方法能够处理大规模体系优化问题,但难点在于部分装备体系的指标量化困难,并且对武器装备体系的动态变化、涌现特性和不确定性等特征难以描述。

Luman[24]提出了以费用为独立变量研究海上扫雷体系的更新问题;Morrow[25]将兰彻斯特方程与线性规划模型进行组合来研究装备体系组合优化问题,由对抗系统提供作战背景、需求参数,装备优化模型由线性规划方法进行求解,并将优化结果代入对抗系统进行验证。

Greiner 等[26]将装备体系优化看成一类具有资源约束的多准则决策问题,由决策者提出武器装备选择的指标体系,通过运用层次分析(analytic hierarchy process,AHP)法获得各指标权重,以此得出装备体系优化的 0.1 整数规划模型,并采用混合筛选的方法进行求解。Lee 等[27]采用 AHP 和主成分分析相结合,首先对装备重要度进行分配,在此基础上采用基于目的的规划技术对武器装备选择进行优化求解,较好地解决了主观因素和不确定性所带来的影响。Walmsley 等[28]研究了装备车辆的数量优化问题,分别针对决策者需求建立成本最小、满足任务最大等约束条件下的混合整数规划模型,较好地结合了平衡投资的思想。

2. 多层次、多阶段优化方法

由于武器装备体系的复杂性、多目标特性,模型构建及求解往往伴随着组合爆炸现象[29]。因此,体系设计优化也逐渐向多层次综合优化的方向发展。分别构建体系层、系统层、子系统的规划模型,通过模型之间多层迭代、逐层优化,达到整个武器装备体系优化的目的。该方法能够较好地将目标分解,减少单层模型规模,减少组合爆炸情况的出现。但该方法要求底层有大量数据作为支撑,并且计算量大。

Levchuk 等[30, 31]从任务的角度研究指挥控制组织及其对应的武器装备配置问题。假设体系中含有决策者、资源、使命任务三种基本实体。它们之间的相互关系如图 1.3 所示。将组织设计问题分解为三个阶段:第一阶段确立使命任务到资源的优化配置;第二阶段根据决策者的各种能力确立资源到决策者的聚类;第三阶段根据组织高效运作的协作需求确立组织内决策者间的层次关系和协作关系[32]。在此基础上,文献[33]~[38]对三阶段规划方法进行了完善和进一步拓展,如研究敏捷性、适应性和鲁棒性等,求解算法也不断优化,以提高计算的速度、精度。

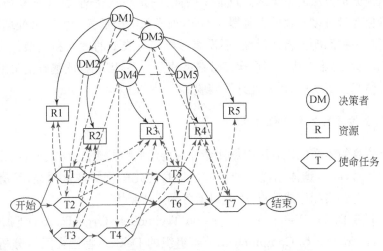

图 1.3　三种基本实体及其相互之间的关系[39]

考虑到体系随时间而不断演化的特点,研究人员还运用多层次多阶段方法体系进行优化设计。一般来说,多层次多阶段方法包括两个部分:一是伪层次形式化,进行多层体系优化和多阶段规划集成;二是多阶段协调,解决模型内部大规模优化问题,通常采用改变方向法(alternating direction method,ADM)。Kim 等[40]应用该方法分析航空公司采购新飞机问题,由于多架新飞机是分阶段引入的,因此构建了多层次、多阶段模型以满足客户需求动态变化的优化问题。周宇等[41]构建了武器装备体系组合规划的高维多目标模型,提出了一种三阶段的集成优化分析方法,通过运用目的规划技术将高维多目标问题转换为总能力-总风险多目标优化模型,在此基础上运用多目标差分进化算法、理想点算法进行优化求解。文献[42]和[43]也采用了多层次、多阶段模型来化解体系优化的难题,取得了较好的效果。

3. 基于探索性分析的优化方法

20 世纪 90 年代,兰德公司提出探索性分析(exploratory analysis,EA)方法,用于解决不确定性的系统分析优化。探索性分析通过大量模拟各种假设条件下不同方案的结果,从中分析数据变量之间的关系及其对应的规律特点,研究得出能够响应一定范围不确定性变化的鲁棒性优化方案[44]。在"信息优势评价"、"恐怖海峡"等[45~48]已有的研究题目中,探索性分析得到了广泛应用。文献[49]~[52]应用探索性分析方法分别对纵深打击任务下武器装备体系编配问题、水面舰艇遭受反舰导弹饱和攻击条件下作战方案优化问题和效能约束条件下武器装备体系结构优化问题开展研究,取得了较好的效果。

探索性分析方法的不足之处也非常明显:一是探索空间大,计算复杂度极高,因此为避免变量过多导致的组合爆炸问题,通常只能降低模型粒度来处理;二是探索性分析是一种问题分析的思路,还没有形成相对成型的理论和模型。从体系优化的角度来看,也难以构建多层次多分辨率模型体系,因此在此基础上又继续发展了探索性仿真分析实验、探索性计算实验等[53, 54]。

4. 基于仿真的体系优化方法

基于仿真的体系优化方法根据使命任务构建典型的想定,仿真分析、比较各体系方案的优劣,以达到体系优化的目的。仿真优化的优势非常明显,具有针对性强、可重复、符合实际作战特点,因此目前各国广泛采用。

澳大利亚 DSTO(Defence Science and Technology Organization)下属部门 C3(Command,Control & Communications)组织的 Dekker 将社会网络分析模型引入体系仿真中,通过结合 Agent 建模方法和复杂网络理论,设计了 CAVALIER 仿真软件,对武器装备体系的网络特性进行分析,用以设计优化体系结构[55,56]。

美军的 A2C2(Adaptive Architectures for Command and Control)项目开发第三代分布式动态决策仿真系统(Distributed Dynamic Decision-making,DDD-Ⅲ)及其分布式动态 Agent(Distributed Dynamic Agent,DDA)仿真框架[57,58]。该仿真环境能够仿真复杂作战环境下武器装备体系,并对其相应的指控组织快速进行重组与重构问题仿真,优点是灵活可靠,但缺陷也非常明显,主要包括实验组织复杂、周期长和费用较为昂贵。

基于可执行体系结构的仿真方法依据一定的映射机制将武器装备体系结构的各视图产品(系统视图、作战视图、技术视图等)转换为可执行模型,通过仿真结果验证、评价体系设计,从而达到优化的目的。

可执行体系结构分析方法的基本思想是将体系结构开发工具开发的 DoD 体系结构框架中的关键产品转成一种可执行的形式,然后对体系结构表示的系统以及能力进行动态分析。模型的动态分析允许用户分析变更的影响,确定性能和效能的度量[59]。

目前已有的可执行体系结构研究包括基于过程模型的可执行体系结构方法、基于 xUML 的可执行体系结构方法等。基于过程模型的可执行体系结构方法所采用的过程模型有 IDEF3 和 BPMN[60],Popkin 公司的工具软件 System Architect 能够较好地实现相关功能[61]。基于过程模型的可执行体系结构方法能有效执行作战视图,并验证作战概念。但该方法不能将作战视图和系统视图统一形成单个执行体,无法评估整个体系作战效能。xUML 综合了 UML 图形语言和行为描述形式化语言的特点,能够对各种模型语言的静态、行为语义进行精确定义[62],基于 xUML 的可执行体系结构方法能有效分析系统功能,通过评估体系优劣达到优化目的。但是,该方法也不能使作战视图和系统视图内部协调一致,形成一个可执行的体系。

武器装备体系仿真脱离了对抗环境,仿真结果价值也将大打折扣。基于对抗的仿真方法根据作战任务来构建典型作战想定,通过比较不同体系设计方案的仿真结果进行评价和优选。文献[63]研究了美军临海优势的使命任务,通过组合不同的兵力方案、通信架构、指控结构和武器平台分布形成了 54 种不同的体系结构方案,将它们在 3 种典型作战任务想定中进行仿真,由此比较性能、费用等指标,提出武器装备决策的建议。针对该方法存在实体层次多、建模困难、仿真运行时间长等问题,研究者提出了采用多层次多分辨率建模[64]、代理模型[65]、多 Agent 仿真以及实验设计[66]的解决思路。

武器装备体系以网络为中心,其组成要素既可根据各自的职能独自产生动作,又可通过指挥控制、通信关系彼此连通,以实现信息共享、行动协同,构成以信息化武器装备为节点的复杂网络[67]。目前采用复杂网络理论分析、优化武器装备体系的主要构建拓扑模型,分析评价体系网络的抗毁性、鲁棒性和可靠性等特性[68~71];仿真过程中考虑武器装备体系对抗所产生的装备故障战损、维修保障等问题,研究体系的动力学行为[72,73]。

1.4.3　技术保障装备体系分析

直接针对技术保障装备体系的研究非常少,与之相类似的是针对维修装备体系的研究。文献[74]分析了基于能力的维修装备体系需求分析的基本内涵,对基于能力的维修装备体系需求分析过程进行了形式化描述,提出了把分析过程划分为维修装备体系能力需求分析、装备维修活动需求分析、维修装备体系需求分析三个阶段的思路及步骤。

维修装备体系能力需求分析是需求分析人员按照一定的标准和经验,从作战人员表述的装备维修使命中抽象概括,得到能力体系方案。维修装备体系能力需求分析的目的是确定未来作战对维修保障能力的需求,描述当前维修分队与未来信息化维修分队之间的能力空白。

在进行维修装备体系能力需求分析时,需要进行如下操作:首先,从维修使命中抽象出初始的总能力需求,并对总能力需求进行层次化分解和优化。由于装备发展的根本目标是提升作战能力,因此通常可以建立维修装备的价值模型来反映作战对维修装备体系能力的需求,同时对其能力层次结构进行形象化描述。其次,通过建立能力—活动与活动—能力的映射矩阵,进行维修能力与装备维修活动之间的映射分析,从而完善能力需求分析。最后,确定能力指标。维修能力指标是从能力需求本质出发,结合相应的装备维修活动需求,对能力属性进行描述。

装备维修活动需求分析是以作战构想确定的总维修使命为基础,根据战时编组与兵力部署进行多层级、多角度的任务区分,并按照一定规则,将维修使命任务分解为一系列的维修活动,并建立活动之间的信息流模型,它对能力需求具有支撑作用。该过程描述了怎样把能力需求转化成装备维修活动,包括维修活动的类型和活动之间的输入/输出流。该阶段的主要工作包括结合未来维修使命、战场环境和未来维修保障样式等方面的研究,综合考虑需要应对的各种可能情况,确定维修分队所要达成的目标,即所需完成的通用维修任务清单,建立相应的装备维修活动模型,并描述各活动之间的信息交换关系。

将抽象的军事使命任务分解、细化,采用"使命—任务—活动"的逐层分解思路对装备维修活动进行分析。首先,分析完成装备维修使命所要达到的各子目标,即进行任务分解得到子任务;然后,分析为完成每一项子任务所要执行的装备维修活动,建立活动之间的信息流模型。

维修装备体系需求分析是根据提出的维修装备体系能力,从装备途径考虑能力需求的实现和满足维修装备的种类、数量及重要度排序等。

1.4.4　武器装备体系演化

系统的演化是指系统的结构、状态、特性、行为、功能等随着时间的推移而发生的变化。武器装备体系的演化则是指武器装备体系从一种形态或结构向另一种形态或结构转变,即构成装备体系的各种武器装备在结构、状态、行为、功能等特征随着时间的推移而不断变化,以及由此涌现出装备体系特征量的相关变化[75~77]。

体系的演化特性给体系设计与优化带来了新的挑战。体系设计不能采用紧耦合的体系架构,而应该通过采用开放的体系架构保持组分的合作、竞争关系,实现控制复杂性和稳定的平衡态[78]。

面向演化的体系设计与优化过程中,体系所面临的环境是动态变化的,武器装备体系在不同的环境中都能提供相应的体系能力,支持使命任务的完成。因此,仿真过程中根据使命任务、环境参数特点,构建包含多个场景的场景序列,描绘武器装备体系全寿期各个阶段的典型变量、参数等。在此基础上,分析并描述武器装备体系构成要素的变化,以及构成要素之间结构的变化而导致的体系能力变化的相关规律。

　　武器装备体系优化主要通过选取在多维场景中都能够较好支持使命任务完成的方案,即选取鲁棒性好的方案为最优方案。

　　在具体研究过程中,研究人员采取了多种不同方式实现优化设计。Kilicay等[79]分别从物理网络、信息网络和社会网络三个部分设计体系,并结合复杂适应系统分析方法,利用多 Agent 模型分析体系行为。卜广志[80]在武器装备体系演化评估研究中,提出了把体系寿命周期时间离散成固定时间剖面,将体系演化评估转化为单个时间点的评估,再对评估结果在时间轴上进行综合分析,探索随时间演化的规律。

参 考 文 献

[1] Berry B J L. Cities as systems within systems of cities[J]. Regional Sciences Association, 1964,13(1):146—163.

[2] 赵青松,杨克巍,陈英武,等. 体系工程与体系结构建模方法与技术[M]. 北京:国防工业出版社,2013.

[3] Marion B,Jay I. Creation of a system of systems on a global scale:The evolution of GEOSS [EB/OL]. http://www. sosece. com[2006 - 7 - 26].

[4] Kaplan J. A wide system new conceptual framework for net-centric of systems engineering [R]. Washington D. C. :National Defense University,2006.

[5] Delaurentis D A, Sindiy O V, Stein W S. Developing sustainable space exploration via a system of systems approach[C]//The Collection of Technical Papers-Space Conference,San Jose,2006,497—513.

[6] Kearing C,Rogers R,Unal R. System of systems engineering[J]. Engineering Management Journal,2003,15(3):36—45.

[7] http://www. whitehouse. gov/omb/assets/fea_docs/Federal-Enterprise-Architechure-Framework-v2-as-of -Jan-29-2013. pdf[2013 - 01 - 29].

[8] Sowell K P. Architecture framework evolution to version 2. 1[EB/OL]. http://www. itpolicy. gsa. gov/mke/archplus/awgbrief. ppt[2000 - 7 - 28].

[9] DoD Architecture Framework Working Group. DoD architecture framework Version 1. 0[R]. United States:Department of Defense,Washington D. C. ,2004.

[10] DoD Architecture Framework Working Group. DoD architecture framework Version 1. 5[R]. United States:Department of Defense,Washington D. C. ,2007.

[11] DoD Architecture Framework Working Group. DoD architecture framework Version 2. 0[R]. United States:Department of Defense,Washington D. C. ,2009.

[12] 于洪敏,于同刚,孙志明,等. 基于能力的武器装备体系需求生成框架研究[J]. 军械工程学院学报,2010,22(2):1—4.

[13] 赵青松,谭伟生,李孟军. 武器装备体系能力空间描述研究[J]. 国防科技大学学报,2009, 31(1):135—140.

[14] Lu Y J,Chang L L,Yang K W. Study system of systems capability modeling framework based on complex relationship analyzing[C]//IEEE Conference on Systems Engineering, San Diego,2010.

[15] 董庆超,王智学,朱卫星. 面向 C4ISR 能力分析的领域特定描述语言[J]. 系统工程理论与实践,2011,31(3):552—560.

[16] 张维明,段采宇. C4ISR 需求开发新途径:基于本体建模[J]. 国防科技大学学报,2007, 29(6),86,92.

[17] 程贲,鲁延京,葛冰峰,等. 武器装备体系能力多视图模型研究[J]. 国防科技大学学报, 2011,33(6):163—168.

[18] 张送保,张维明,刘忠,等. 复杂体系的结构分析和建模研究[J]. 国防科技大学学报,2006, 28(1):62—67.

[19] 豆亚杰. 面向元活动分解的武器装备体系能力需求指标方案生成方法研究[D]. 长沙:国防科学技术大学,2011.

[20] 李善飞,鲁延京,杨克巍,等. 武器装备体系能力形式化描述研究[J]. 兵工自动化,2010, 29(2):4—8.

[21] 李英华,申之明,李伟. 武器装备体系研究的方法论[J]. 运筹与系统工程,2004,18(1): 17—20.

[22] 程贲,鲁延京,周宇. 武器装备体系优化方法研究进展[J]. 系统工程与电子技术,2012, 34(1):85—90.

[23] 毛昭军,蔡业泉,李云芝. 武器装备体系优化方法研究[J]. 装备指挥技术学院学报,2007, 18(2):9—13.

[24] Luman R R. Quantitative decision support for upgrading complex system of systems[D]. Washington D. C. :George Washington University,1997.

[25] Morrow W. Report of the defense science broad task force on deep attack weapons mix study (DAWMS)[R]. Washington D. C. :Defense Science Board,1998.

[26] Greiner A,Fowler J W,Shunk D L. A hybrid approach using the analytic hierarchy process and integer programming to screen weapon systems projects[J]. IEEE Transactions on Engineering Management,2003,50(2):192—203.

[27] Lee J,Kang S H,Rosenberger J,et al. A hybrid approach of goal programming for weapon systems selection[J]. Computers & Industrial Engineering,2010,58(3):521—527.

[28] Walmsley N,Hearn P. Balance of investment in armored combat support vehicles:An application of mixed integer programming[J]. Journal of the Operational Research Society, 2004,55(3):403—412.

[29] 周宇,谭跃进,姜江. 等面向能力需求的武器装备体系组合规划模型与算法[J]. 系统工程理论与实践,2013,33(3):809—816.

[30] Levchuk G M, Levchuk Y N, Luo J. Normative design of organizations-Part Ⅰ: Mission Planning[J]. IEEE Transactions on SMC, 2002, 32(3):346—359.

[31] Levchuk G M, Levchuk Y N, Luo J. Normative design of organizations-Part Ⅱ: Organizational Structure[J]. IEEE Transactions on SMC, 2002, 32(3):360—375.

[32] 杨春辉. 基于 CPN 的面向任务指挥控制组织建模、仿真及优化方法研究[D]. 长沙:国防科学技术大学, 2008.

[33] 阳东升,张维明,刘忠,等. C2 组织的有效测度与设计[J]. 自然科学进展, 2005, 15(3):349—356.

[34] Yu F, Pattipati K R. A novel congruent organizational design methodology using group technology and a nested genetic algorithm[J]. IEEE Transactions on SMC, 2006, 36(1):5—18.

[35] 修保新. C2 组织结构设计方法及其鲁棒性、适应性分析[D]. 长沙:国防科学技术大学, 2006.

[36] 彭小宏,阳东升,刘忠,等. 适应性兵力组织设计方法与应用研究[J]. 火力与指挥控制, 2009, 34(3):12—15.

[37] 杨垚,修保新,杨婷婷,等. 敏捷 C2 组织鲁棒性研究[J]. 指挥控制与仿真, 2014, 36(4):1—6.

[38] 牟亮,张维明,修保新,等. 基于滚动时域的 C2 组织决策层结构动态适应性优化[J]. 国防科技大学学报, 2011, 33(1):125—130.

[39] Krackhardt D, Carley K M. A PCANS Model of Structure in Organizations[C]//Proceedings of the 1998 International Symposium on Command and Control Research and Technology, Monterray, 1998.

[40] Kim H M, Hidalgo I J. System of systems optimization by pseudo-hierarchical multistage model [C]//The 11th AIAA/ISSMO Multidisplinary Analysis and Optimization Conference, Ports Mouth, 2006.

[41] 周宇,姜江,赵青松,等. 武器装备体系组合规划的高维多目标优化决策[J]. 系统工程理论与实践, 2014, 34(11):2944—2954.

[42] Bui L T, Barlow M, Abbess H A. A multi-objective risk-based framework for mission capability planning[J]. New Mathematics and Natural Computation, 2009, 5(2):459—485.

[43] 叶国青,姜江,陈森,等. 武器装备体系设计问题求解框架与优化方法[J]. 系统工程与电子技术, 2012, 34(11):2256—2263.

[44] 胡剑文. 武器装备体系能力指标的探索性分析与设计[M]. 北京:国防工业出版社, 2009.

[45] Davis P K, McEver J, Wilson B. Measuring interdiction capabilities in the presence of anti-access strategies:Exploratory analysis to inform adaptive strategy for the persian gulf[R]. Santa Monica CA:RAND Corporation, 2002.

[46] Shlapak D A, Orletsky D T, Wilson B A. Dire Strait Military Aspects of the China-Taiwan Confrontation and Options for U. S. Policy[R]. Santa Monica:RAND Corporation, 2000.

[47] Davis P K. Exploratory analysis enabled by multiresolution[C]//Multi-Perspective Modeling in Winter Simulation Conference,Orlando,2001.

[48] Davis P K,Hillestad R. Exploratory analysis for strategy problems with massive uncertainty [R]. Santa Monica:RAND Corporation,2001.

[49] Brooks A,Bankes S,Bennett B. Weapon mix and exploratory analysis:A case study[R]. Santa Monica:RAND Corporation,1997.

[50] 曾宪钊,蔡游飞,黄谦. 基于作战仿真和探索性分析的海战效能评估[J]. 系统仿真学报, 2005,17(3):763—766.

[51] 李兴兵,谭跃进,杨克巍. 基于探索性分析的装甲装备体系效能评估方法[J]. 系统工程与 电子技术,2007,29(9):1496—1499.

[52] 李兴兵,谭跃进,杨克巍. 基于多分辨率建模的坦克编队作战效能分析[J]. 系统仿真学报, 2007,19(20):4776—4779.

[53] 胡晓峰,杨镜宇,吴琳. 武器装备体系能力需求论证及探索性仿真分析实验[J]. 系统仿真 学报,2008,20(12):3065—3069.

[54] 李涛,杨秀月,郭齐胜. 基于探索性计算实验的信息化武器装备体系优化[J]. 装甲兵工程 学院学报,2008,22(1):1—5.

[55] Dekker A H. C4ISR the FINC methodology and operations in urban terrain[J]. Journal of Battle Field Technology,2005,8(1):1—4.

[56] Dekker A H. Measuring the agility of networked military forces[J]. Journal of Battlefield Technology,2006,9(1):19—24.

[57] Meirina C,Levchuk G M,Pattipati K R. A Multi-Agent decision framework for DDD-III environment[C]//Proceedings of the 2003 International Command,Control Research and Technology Symposium,Washington D. C. ,2003.

[58] Meirina C, Levchuk G M, Ruan S. Normative framework and computational models for simulating and assessing command and control processes[J]. Simulation Modeling Practice and Theory,2006(14):454—479.

[59] 姜军. 可执行体系结构及 DoDAF 的可执行化方法研究[D]. 长沙:国防科学技术大 学,2008.

[60] Stephen A W. Introduction to BPMN[R]. IBM Corporation,New York,2004.

[61] Popkin Software. System Architect USRPROPS Extensibility Guide[R]. Popkin Software,2004.

[62] Norris D. Communicating Complex Architectures with UML and the Rational ADS[C]// Proceedings of the IBM Rational Software Development User Conference,Grapevine,2004.

[63] Holmes M,Huynh T,Klinc J. Conceptual system of systems enabling maritime dominance in the littorals[R]. Alexandria:Military Operations Research Society,2004.

[64] 华玉光,徐浩军. 多分辨率建模航空武器装备体系对抗效能评估[J]. 火力与指挥控制, 2009,34(1):8—10.

[65] 杜波. 基于代理模型的武器装备体系优化方法研究[D]. 长沙:国防科学技术大学,2009.

[66] 张传友,薄云蛟,李进. 海军武器装备一体化联合试验体系结构框架及模型总体设计[J]. 装备学院学报,2014,25(4):118—123.

[67] 李锴,吴纬. 基于复杂网络的武器装备体系研究现状[J]. 装甲兵工程学院学报,2016,30(4):7—13.

[68] Cares J R. Distributed Networked Operations the Foundations of Network Centric Warfare[M]. Newport:Alidade Press,2004.

[69] Cares J R. An information age Combat Model[C]//Proceedings of the 9th International Command and Control Research and Technology Symposium,Washington D. C. ,2004.

[70] 陈丽娜,黄金才,张维明. 网络化战争中复杂网络拓扑结构模型研究[J]. 电光与控制,2008,15(6):4—7.

[71] 谭跃进,张小可,杨克巍. 武器装备体系网络化描述与建模方法[J]. 系统管理学报,2012,21(6):781—786.

[72] 张强,李建华,沈迪,等. 基于复杂网络的作战网络建模与优化研究[J]. 系统工程与电子技术,2015,37(5):1066—1071.

[73] 温睿,陈小青,马亚平,等. 基于边权拓扑的作战体系演化生长模型[J]. 系统工程学报,2011,26(2):282—290.

[74] 张迁,闫耀东,陈威,等. 基于能力的维修装备体系需求分析问题研究[J]. 装甲兵工程学院学报,2011,25(4):15—18.

[75] 周赤非. 军事系统学概论[M]. 北京:军事科学出版社,2013.

[76] 曹强,荆涛. 武器装备体系结构演化博弈框架[J]. 军事运筹与系统工程,2015,29(1):50—55.

[77] 罗小明,杨娟,何榕. 基于任务-能力-结构-演化的武器装备体系贡献度评估与示例分析[J]. 装备学院学报,2016,27(3):7—13.

[78] Azani C H. System of systems Architecting via natural development principles[C]//IEEE International Conference on System of Systems Engineering,Singapore,2008.

[79] Kilicay N,Dagli C H. Methodologies for understanding behavior of system of systems[C]//Conference on Systems Engineering Research,Hoboken,2007.

[80] 卜广志. 武器装备体系演化评估的建模方法研究[J]. 系统仿真学报,2011,23(11):2500—2504.

第2章 舰船技术保障装备体系概念及分析过程

2.1 舰船技术保障装备体系概念

中文中"体系"这一名词,在英文文献中有很多名词与之对应,如 system of systems(SoS, S2)、family of systems(FoS)、super system、meta system 和 multiple complex systems 等,这些名词在不同的语言环境里都表达了"体系"的概念。现在最常用且含义与"体系"一词最为相近的名词是 system of systems,该名词也得到了学术界的广泛认同[1, 2]。

体系,也称为由系统组成的系统(SoS 或 family of systems,FoS),是目前大多数大规模集成体(包括系统、组织、自然环境、生态体系等)普遍存在的结构形态。尽管由系统组成的更高层次系统所带来的新问题已经得到普遍承认和重视,但是在体系研究领域至今对体系的概念没有一个被普遍接受的明确定义。据初步统计,当前国内外对体系概念的定义不下 40 种。

在众多关于体系的描述与定义中,国外有如下几种较为典型的定义描述了不同领域问题背景下对体系的不同理解与认识,具有一定的代表性。

定义 2.1[3] 体系是系统的联结,在系统联结的体系中允许系统间进行相互协同与协作,如信息化战场中的主战装备系统、C4ISR 系统、保障装备系统等共同形成了信息化武器装备体系。这一定义的应用背景是现代武器系统的集成以获取战场对抗的信息优势、决策优势与行动优势。

定义 2.2[4] 体系不是单纯系统的集成,其具备五种特征:①组成系统独立运作;②组成系统独立维护管理;③组成系统的区域分布性;④具备"涌现"行为;⑤不断演化发展。这一定义的应用背景是军事领域复杂体系的发展规划。

定义 2.3[5,6] 体系是分布环境中异构系统组成网络的集成,体系中这些异构系统表现出独立运作、独立管理和区域分布特征,在系统和系统间交互被单独考虑的情况下,体系的"涌现"与演化行为不太明显。这一定义应用背景是国家交通系统、军事体系和空间探索。

定义 2.4[7] 体的组成不同于一般系统的内部结构(紧耦合),它是系统间的交互,而不是重叠,具备如下特性:①能够提供单一系统简单集成所不具备的更多或更强的功能能力;②其组成系统是能够独立运作的单元,能够在体系所生存的环境发挥其自身的职能。这一定义的军事背景包括战区导弹防御体系、作战群的编成体系等,非军事背景如航天飞机等。

定义 2.5[8]　体系是复杂的、有目的的整体,具备如下特征:①其组成成员是复杂的、独立的,并且具备较高的协同能力,这种协同使得体系组成不同的配置,进而形成不同的体系;②其复杂特征在很大程度上影响其行为,使得体系问题难以理解和解决;③边界模糊或者不确定;④具备涌现行为。

定义 2.6[9]　美国国防部对体系的定义为:"互相依赖的系统组合联结,提供的能力远大于这些系统的能力之和"。

国内张最良研究员、胡晓峰教授等分别从体系开发、战争模拟仿真等角度给出了两种典型体系的定义。

定义 2.7[10]　体系是能呈现出涌现性质的关联或联结的独立系统集合。该定义说明了体系的 3 个基本要素:①独立有用系统;②相互关联或联结;③能得到进一步涌现性质。

定义 2.8[11]　系统和体系是两个有时可以互换的概念,它们既有相同之处,也有不同之处,体系是系统的组成,体系内部各系统一般都是合作关系,体系具有整体性、信息相关性、耦合松散性、开放性等特点。

可从系统科学角度来看,体系是松耦合系统的集合,其耦合的目的是实现共同的目标;从组织科学角度来看,体系即为区域分布、结构扁平松散、各部分有较强独立性和自主性的组织;从军事科学角度来看,体系是采用信息技术对战场指挥员、作战平台、武器系统、传感器以及其他战场设施的整合,整合的目的是提高整体作战效能,这种作战效能是单个成员所达不到的,整合的工作包括建立相应的条令条例、技术标准、战术原则、结构与运作机制等。

根据上述定义,综合分析后认为体系具有如下几方面的基本特征:

(1) 使命的动态性与不确定性。体系使命是体系存在的条件,无论环境如何变化和是否复杂,已经存在的体系在任何时候都有其使命需求。与系统相比,体系使命是模糊的、动态不确定的,难以建立体系使命的需求和预测,体系使命的动态模糊性导致了体系演化。

(2) 组成实体的多样性与独立性。组成体系的实体具有多样性,其多样性是指体系中实体元素的异构性、自治性、可分性。例如,战场环境中的作战体系,其组成实体包括人、武器、条令与规范,在这些实体之间又存在功能差异、结构不同和目标不同等。组成体系的实体在形成体系前是一个完整的功能单元或系统,有自主的行为、目标,形成体系后其运作仍然保持独立性,体系结构和交互过程使这些自主行为的独立实体产生涌现行为,从而实现体系的使命目标。

(3) 体系边界模糊性与开放性。边界是系统的基本概念之一,系统与环境存在边界,子系统与整体系统之间存在边界,子系统之间也存在边界,没有一个完整的边界就没有完整的系统,任何系统都存在明确的边界。体系的边界模糊是因为体系的动态开放性与环境的融合,边界的模糊性导致了体系与环境的交互、体系与体系之间的交互行为难以准确界定。

(4) 体系行为特征。体系的演化与涌现性。体系不是固定不变的,而是随着使命环境的变化而演化,体系的演化是体系的一种生存能力,是体系自适应的体现。体系演化的本质是不断调整体系结构与过程使得体系与使命环境相匹配,从而产生最佳体系行为。组成体系的实体又都具有独立的行为和目标,这些组成部分的行为目标并不是体系的使命,但所有这些组成部分的行为和目标通过结构和过程的融合促进了体系使命目标的实现,体系的这种行为称为体系的涌现性。

(5) 体系的社会性与复杂性。广义体系是社会实体之一,具备组织特性,是一个规模较大、区域分布、结构松散的组织。体系的复杂性在于组成体系的实体众多,实体的独立性、多样性,以及体系边界模糊性和动态演化特性。体系的复杂性对传统管理工程、系统工程、软件工程和信息工程都提出了挑战。

在研究和实际工作过程中,体系与系统之间的边界比较模糊,难以精确界定。通常认为,体系由系统演化而来,从广义上讲,体系是系统的一种,是一类复杂巨系统。同时,与一般系统、复杂系统比较,体系的属性、特征及行为表现都存在本质的不同,区别主要在于集成元素的手段、方式和意义,见表2.1。

表 2.1　一般系统、复杂系统与体系

对比要素	类别		
	一般系统	复杂系统	体系
组成	元素及其关联	元素、系统和交互	系统与交互
元素关系	相互依赖	相互依赖或交互	相互交互与独立
基础结构	简单,有序,稳定	复杂,动态	网络环境中动态演化
组成单元独立性	不具备独立性	在同一环境中,局部或部分组成元素具备独立性	在同一环境中,组成元素独立运作
组成单元耦合性	紧耦合	相互依赖、重叠	松耦合,非重叠
边界与环境	确定的边界和简单同外部环境的交互	确定边界与复杂的交互	模糊的或者不断变化的边界,不确定的交互
生命周期	有具体的设计生命周期(可被延长)	没有定义或者无时限	没有定义或者无时限
复杂性	能够实现解决问题的最优化	复杂,可以借助建模与仿真手段解决一定的问题	高度复杂,几乎没有最优化解决途径

续表

对比要素	类别		
	一般系统	复杂系统	体系
自主性	保障系统的自主性而放弃组成单元的自主性	组成单元自主或半自主行为	组成单元的自主性行为促成体系整体目标的完成
连通性	通过预先设计,使得组成单元间具备良好的连通性(人工系统)	存在复杂交互,但子系统间不具备确保连通的基础结构	通过网络中心体系结构在组成单元间动态建立连接
功能与能力多样性	相对稳定的功能模式,不具备多样性	具备一定多样性,多样性源自不可控的复杂交互	具备较强的多样性,源于单元自主性和连接开放性
涌现行为	涌现行为无论好与坏都是可以预见的	组成个体的层次性与交互导致不可预见的涌现行为	个体行为的累积与个体间的交互导致不可预见的涌现行为
工程行为	通过系统工程精心设计与控制,规范其行为	只能干涉,而不能完全规范其行为与发展	通过体系工程指导其行为,牵引其发展
实例	机车动力系统、单一指控系统、雷达探测系统等	Internet、社会组织、生态系统	全球信息栅格、战略预警体系、武器装备体系

从武器装备体系研究的角度出发,体系是处于某一动态复杂环境中多个实体(包括系统、平台、决策者等)为通过各自有目的的行为完成其共同的使命而形成的整体[12],构成体系的基本要素包括环境、使命、实体、结构、过程。

从结构构成来看,体系是系统之间的松耦合构成的集合,以实现共同的目标或完成复杂使命任务;这种松耦合的关系分别对应不同的组织,实际上反映了组织之间的一种扁平、区域分布的结构关系,各个组织实体具有较强的自主性;通过体系实现人(指挥员)、机(作战系统、武器平台)、环(战场环境)的综合集成,并形成与之配套的条令条例、技术标准等。由上述分析可以看出,体系由系统演化形成,属于复杂巨系统。

海军舰船技术保障装备构成复杂、要素众多,具有体系的相关特征,具体体现在以下方面:

(1)复杂性。海军舰船技术保障装备包括为舰船技术保障任务服务的多种实体,这些实体要素是自治的、可分的、异构的,如进行监测的各种设备、分析仪器,修理作业的机床、拆卸设备,指挥控制过程中的指挥设备等。每一个实体都是一个完整的系统或功能模块,具有自主的动作及目标,共同形成体系后仍然保持独立,其他相关实体共同完成舰船技术保障任务。舰船技术保障装备体系结构及其交互过程使独立实体产生"涌现行为",从而实现体系的使命目标。

（2）演化性。体系演化性是指体系随时间不断改变目标和需求。体系的演化是其自适应的体现。通过演化，体系不断调整其结构与过程，使体系与使命任务、外界环境相匹配，从而使其能力不断优化。舰船技术保障装备为舰船装备服务，随着舰船装备技术不断发展、舰船不断更替以及技术保障要求、标准的变化，舰船技术保障装备也需逐渐更新换代，适应任务目标的变化。随着整个作战需求的转变，舰船技术保障装备演化的速度也在逐步提升。

（3）涌现性。体系涌现性是指系统组成部分的交互产生了单个系统、单个功能单元所不具有的性质。体系能够完成单个系统不能完成的使命任务，展现了体系涌现性的积极影响。舰船技术保障装备大都功能相对单一，但通过有效的组合共同完成复杂的使命任务。

（4）规模性。体系规模性测度是多方面的，具体包括体系中包含系统数目、功能数量、各组成系统的物理维度、数据存储量等。从目前的统计数据来看，舰船技术保障装备类型繁杂、数量众多，数量级在数万项。舰船技术保障装备需要保障的舰船装备种类也较多，保障任务类型更是包罗万象，主要包括舰船装备的技术准备（如武器、动力等系统的检查、调试、添加油液、充电、加水、装挂弹药等）、舰船装备维修（日常维护可分为日检拭、周检修、月检修、航行检修和船体检查；计划修理又分为坞修、小修、中修等，临时修理又分为正常临时修理和抢修）、舰船装备维修器材保障（包括维修器材的筹措、储备、供应和管理）、舰船装备技术管理（包括舰船消磁、测声以及其他各种物理场的检测、武器系统的联调、舰船电磁兼容性测试等专业保障工作）、舰船技术保障训练、舰船技术保障指挥。保障对象、任务的多样性造成了舰船技术保障装备体系的规模庞大。

（5）可变性。可变性主要反映体系中同一类型的系统在多大程度上能同时存在多个变体、版本和配置。系统演化性和可变性密切相关，体系演化是体系随时间变化对应系统版本的变化，而可变性则重点讨论同一时间下各系统可能存在的变体数量。舰船技术保障装备体系系统、装备中，既有众多高可变性装备，也有一些低可变性系统。高可变性装备主要对应功能相对简单的通用设备，如各类机床、监测设备；低可变性系统主要是一些综合集成的装备，如某通信系统的综合检测装备，功能集成度高，保障对象单一。

（6）网络交互性。网络交互性是信息时代体系的显著特征，包括网络连接、各子系统或相关部分的交互两个部分。舰船技术保障装备中指挥控制装备具有较强的网络连接和交互功能；其他类型的舰船技术保障装备主要通过相互协调配合完成舰船技术保障任务。

对舰船技术保障装备体系各方面总体特征进行分析，可以发现其具有非常明显的体系特征。

　　舰船技术保障装备体系是一个包含舰船技术保障装备、使命任务、管理体制、保障力量、法规制度、技术资料等要素的整体,并与舰船系统设备紧密关联。舰船技术保障装备体系与其他体系一起构成海军装备体系。

　　海军装备体系是在战略需求牵引下,为有效完成海军使命任务,由功能上相互联系、相互作用的武器装备及其系统组成的综合性大系统,是作战体系的物质基础。海军装备体系由信息系统作战平台、打击武器和保障装备构成。保障装备包括技术保障装备、后勤装备、训练装备和试验装备。因此,舰船技术保障装备体系是海军装备体系下的子体系,是由相互独立而又相互协作的各种技术保障装备系统为完成一定舰船装备技术保障任务而组织到一起的复杂系统或复杂系统的集合。

　　为确保舰船技术保障任务的完成,舰船技术保障必须做到及时、有效、可靠和经济。及时是指舰船装备列编后能执行各种任务,并能在较短时间内获得有效的技术保障;有效是指在规定条件下,确保舰船装备完好率和战备任务的完成;可靠是指在各种规定条件下,舰船处于良好技术状态,特别是在作战条件下,有良好的生存能力、恢复能力和机动能力;经济是指在规定的保障内容和技术条件下,尽可能地减少技术保障经费,获得最佳效费比。

2.2　舰船技术保障装备体系优化相关因素分析

2.2.1　舰船技术保障优化需求因素分析

　　舰船技术保障装备体系服务于舰船技术保障任务和舰船技术保障对象——舰船装备,因此需求也主要来源于这两个方面。

1. 舰船技术保障任务

　　运用现代科学技术和有效的保障方式、保障手段,保持、恢复和改善、提高舰船装备的战术技术性能,使舰船装备经常处于良好状态,发挥最大作战性能,保障部队随时遂行各种任务,保证安全,保持部队持续作战能力。舰船技术保障需要提供如下主要能力:修理保障能力、支援保障能力、勤务保障能力以及为其他单位的修理和技术保障提供工作平台等。

　　舰船技术保障任务变化,对舰船技术保障能力产生新的需求,需要对舰船技术保障装备体系进行优化调整。舰船技术保障任务的影响因素主要包括任务空间和任务数量。

1) 任务空间

　　任务空间主要包括自然环境和人工环境。自然环境是指进行舰船技术保障任务时的风、温度、湿度等自然因素。人工环境是指进行舰船技术保障任务时人员工作的环境,是将装备拆卸到工厂里还是在舰船上直接进行舰船技术保障等。

任务空间因素在舰船技术保障时是无法避免的,一般会对舰船技术保障活动产生负面影响,舰船技术保障能力必定会受到影响,将自然环境因素和人工环境因素概括起来就是任务空间因素 S 。任务空间因素影响增大,舰船技术保障能力会变小,任务空间因素和舰船技术保障能力大体成负相关。

由于任务空间因素对舰船技术保障能力影响很小,因此将任务空间因素的影响归结到舰船技术保障能力自然下降。

2) 任务量

任务量(TASK)是指需要进行装备舰船技术保障的数量。任务量一般和舰船数量、舰船遂行任务数量等有关,任务量增多必然加重维修保障的压力,对舰船技术保障能力产生需求。

任务量是实际舰船技术保障活动中必定存在的因素,任务量的大小会直接影响舰船技术保障能力(CAP),假设任务量中不包含全寿命保障的装备。对于一定量的舰船技术保障能力,能进行舰船技术保障的任务量会有一个最大值 T_{max} ,当任务量达到最大值时称为处于饱和状态。研究任务量对舰船技术保障能力的影响,就必须考虑任务量是否处于饱和。当任务量处于不饱和状态时,即 TASK $<$ T_{max} ,舰船技术保障设备和人员有富余,即使任务量增多,所有任务也能及时进行舰船技术保障,在这种情况下,任务量的增多对舰船技术保障能力没有影响,保持原值 CAP$'$ 不变。当任务量增加到超出饱和状态时,即 TASK $\geqslant T_{max}$,有部分任务将无法得到及时的舰船技术保障,舰船技术保障能力将会降低,且随着任务量的增多会加速下降,如图 2.1 所示。

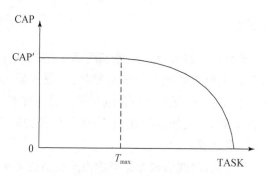

图 2.1　舰船技术保障能力与任务量的关系

2. 舰船技术保障对象

舰船技术保障对象由舰船、武器装备组成,是完成作战任务的物质基础。分析舰船技术保障能力需求可以从舰船数量、新型装备、服役时间入手。

1) 舰船数量

舰船数量是指海军正在服役的舰船数量。海军处于大发展时期,每年都会有新舰船下水入役。舰船数量的增多必然引起维修保障任务数量上升,从而产生更多的舰船技术保障能力需求。

舰船技术保障的主体是舰船,随着海军的不断发展,舰船数量(ShipNUM)不断增多。新增舰船分为新型舰船和老旧型舰船。新型舰船对能力的影响比较大,新型舰船的技术保障分为两个部分:已有舰船技术保障任务和新舰船技术保障任务。已有舰船技术保障任务可以归到任务量上;新技术部分是新型装备,这里不考虑全寿命保障装备(continuous acquisition and life-cycle support,CALS),因为其是军民融合式的保障,对能力不会产生影响。在不考虑全寿命保障装备的情况下,新型装备会导致舰船技术保障能力急剧下降,下降到一定值后稳定,下降值为 d ,对能力的影响为 $CAP = CAP' - d$ 。老旧型舰船数量的增多可以归为任务量的增多,初始任务量为 $TASK'$,每增加一艘舰船,任务量增加 t ,则任务量为 $TASK = TASK' + ShipNUM \cdot t$ 。舰船数量与能力的关系如图 2.2 所示。

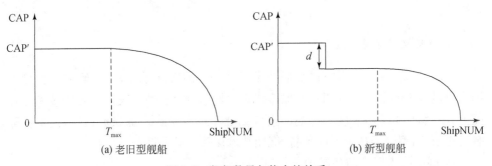

图 2.2　舰船数量与能力的关系

2) 新型装备

新型装备是指随着科技进步研制出来的高科技装备,新型装备相对老装备会有很大的不同,需要配套新的舰船技术保障设备,原有的舰船技术保障设备可能会不匹配新技术装备。新的舰船技术保障任务的产生,必然会有新的舰船技术保障能力需求。

3) 服役时间

服役时间是指舰船服役的时间。随着舰船服役时间的增加,舰船装备出现故障的概率也在逐渐变大,舰船技术保障尤其是维修保障任务都在随着服役时间的增加而增加,对舰船技术保障能力的需求也会越来越大。

随着服役时间的增长,舰船装备出现问题的概率会增加,相应的舰船技术保障任务也会增加,如图 2.3 所示。服役时间因素最终可以归结到任务量上。

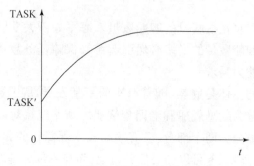

图 2.3　服役时间与任务量的关系

2.2.2　体系要素对舰船技术保障能力影响分析

舰船技术保障装备、体制、策略、人员等是组成维修保障系统的基础,是开展舰船技术保障活动必不可少的要素。单独的舰船技术保障装备对能力并不能产生影响,必须在舰船技术保障系统中与其他要素共同作用,才能对舰船技术保障能力产生影响。

1. 舰船技术保障装备

舰船技术保障装备是完成舰船技术保障任务的实际主体,是舰船技术保障系统构成最基本的要素。舰船技术保障装备的状态、数量、种类决定了舰船技术保障能力。舰船技术保障装备的影响因素包括舰船技术保障装备维护、舰船技术保障装备更新、新型舰船技术保障装备、舰船技术保障装备损耗。

1) 舰船技术保障装备维护

舰船技术保障装备维护是指维护、保养和维修保障装备。它不仅可以减缓舰船技术保障装备的损耗,而且可以使舰船技术保障装备保持良好的状态,提升舰船技术保障装备的能力。

装备维护能恢复舰船技术保障装备的状态,同时舰船技术保障能力会有一个小幅度的突升,之后随着舰船技术保障装备自然损耗,舰船技术保障能力也能逐步降低。

$$\mathrm{CAP} = \begin{cases} At^2 + \mathrm{CAP}', & 0 < t < t_{\mathrm{w}} \\ A(t-x)^2 + \mathrm{CAP}', & t \geqslant t_{\mathrm{w}}, x > 0 \end{cases} \tag{2.1}$$

式中,t_{w} 为装备维护时间,如图 2.4 所示。

2) 舰船技术保障装备更新

舰船技术保障装备更新是指分配新的舰船技术保障装备。淘汰性能低的旧舰

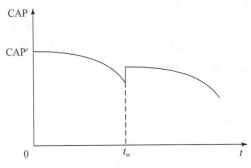

图 2.4　装备维护与能力的关系

船技术保障装备或者增加舰船技术保障装备的数量,都可以提高舰船技术保障能力。

　　装备更新是将老旧装备淘汰掉,购进新的装备,这必定能提高舰船技术保障能力,使其能力有较大幅度提升。

$$CAP = \begin{cases} At^2 + CAP', & 0 < t < t_r \\ A(t - t_r)^2 + CAP', & t \geqslant t_r \end{cases} \tag{2.2}$$

式中, t_r 为装备更新时间,如图 2.5 所示。

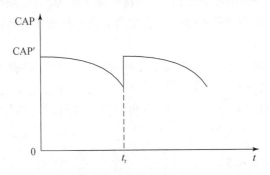

图 2.5　装备更新与能力的关系

　　3) 新型舰船技术保障装备

　　新型舰船技术保障装备是指与老旧装备不同的、随着科技发展而研制出来的新型装备,其功能、能力会有很大的提升,对舰船技术保障能力会有很大的提高。新型舰船技术保障装备对舰船技术保障能力的影响在人员因素中将会体现。

　　4) 舰船技术保障装备损耗

　　舰船技术保障装备损耗是舰船技术保障装备在执行任务过程中发生的性能指标下降现象。当舰船技术保障装备损耗到一定值之后,舰船技术保障装备性能将无法保证任务的完成,必须进行淘汰。舰船技术保障装备也会有一定概率的损坏,损坏的舰船技术保障装备将会淘汰。

　　装备损耗是无法避免的,随着时间的变化,装备会不断损耗,能力也会不断下降。刚开始时,能力会保持不变,随着时间的推移,能力会缓慢下降,降幅会随着时间不断增大,呈二项式分布,即 $CAP = At^2 + CAP'$,$t > 0$,如图 2.6 所示。

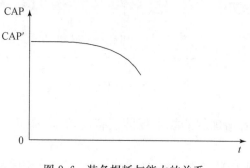

图 2.6　装备损耗与能力的关系

2. 舰船技术保障体制及策略

　　舰船技术保障体制是舰船技术保障的组织系统、机构设置和保障人员、保障装备编配的具体规定,舰船技术保障策略是指保障思想的改变,如事后维修保障为主的思想改为预防维护为主的思想。舰船技术保障体制及策略是舰船技术保障能力的重要影响因素之一。

　　随着保障思想的进步,保障策略会不断更新。保障策略的改变需要相应维修保障装备的支撑,之前的舰船技术保障装备将不能满足新的舰船技术保障任务,能力会有下降,但是对能力的影响很小,且很难量化,所以将此因素归到维修保障能力自然下降方面。

3. 舰船技术保障人员

　　在舰船技术保障系统完成舰船技术保障任务过程中,人员是一个很重要的影响因素,因为所有的舰船技术保障任务都是通过人员去实现的。这里的人员主要是指为完成舰船技术保障任务的舰船技术保障人员。人员的数量、专业职务和技术等级对舰船技术保障任务的完成有很重要的影响。

　　舰船技术保障任务的执行者是人,舰船技术保障装备的使用者也是人,所以人在舰船技术保障中是必不可少的,人员的素质会对维修保障产生巨大影响。假设人员能够熟练操作原有舰船技术保障装备,即使没有进行培训,人员能力也不会下降,如图 2.7 的 4 号线。对于新型装备,人员对其没有经验,如果不进行培训,人员不会使用新型装备,新型装备发挥不出应有的作用,在一开始能力可能会下降,下

降值为 d_q ,但是随着人员对新型装备的不断熟练,能力会不断上升,经过时间 t_q 之后,能力会比最开始有一个提升,如图 2.7 的 1 号线;新型装备列装后再进行人员培训,刚开始能力会下降,但是随着培训的进行,能力会立刻上升,上升速度会比不培训快,如图 2.7 的 2 号线;新型装备更新之前就对人员进行培训,当新型装备列装时,能力会有突升,突升值为 u_q ,随着人员对装备的不断熟练,能力会缓慢增长到一个定值,如图 2.7 的 3 号线。

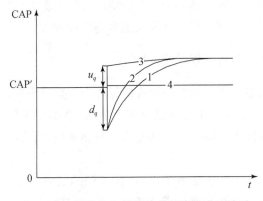

图 2.7　人员能力与舰船技术保障能力的关系

4. 舰船技术保障装备费用

舰船技术保障装备费用是指为保持和恢复装备完好的技术状态所进行的维修保障工作所需的装备的费用,包括舰船技术保障装备维护费用、舰船技术保障装备更新费用和新型舰船技术保障装备采购费用。舰船技术保障装备费用是影响因素中影响最大的,舰船技术保障活动需要舰船技术保障装备的支撑,而有了舰船技术保障装备费用才会有舰船技术保障装备,有时费用的多少直接影响舰船技术保障能力的大小。舰船技术保障过程中对资源的无限需求与现实工作资源有限的矛盾,导致装备舰船技术保障的组织实施难度越来越大,需要充分合理地利用舰船技术保障装备费用来实现舰船技术保障能力最大化。

舰船技术保障活动的开展必须要有舰船技术保障费用的投入,舰船技术保障费用 M 包括舰船技术保障装备维护费用 M_m 、舰船技术保障装备更新费用 M_n 、新技术装备采购费用 M_b 等,即 $M = M_m + M_n + M_b$ 。当舰船技术保障装备费用提高时,其他费用都会提高,各个费用会有相应的能力提升,如舰船技术保障装备维护费用的提升会导致舰船技术保障能力的提升。因此,舰船技术保障装备费用因素对舰船技术保障能力的影响是间接的,通过舰船技术保障装备因素来影响能力。

2.3　舰船技术保障装备体系优化过程

从当前舰船技术保障装备配置的过程来看,需求的产生是由下往上逐步上报的,这样带来的问题是缺乏顶层规划,各种舰船技术保障能力存在较大差别,并且相应的舰船技术保障装备通用性、规范性较差。因此,构建舰船技术保障装备体系模型,在分析现有能力差距的基础上,将需求由上往下逐步分解,是舰船技术保障装备按照体系化发展的思路,其能够极大地提高建设效益。

2.3.1　舰船技术保障装备配置现状分析

目前,在海军舰船技术保障装备配置的过程中需要考虑的因素非常多,而经费又有限,必须通过系统筹划,才能够避免疲于应付,使得整体舰船技术保障装备形成完整的体系,技术保障整体能力得到提升。具体来说,需要在如下几个方面进一步加强:

(1)通用化、系列化上还显不足,许多技术保障装备对象单一、功能单一。技术保障装备通用性低,必然造成所需经费规模大幅增加。

(2)舰船技术保障装备未能与舰船装备同步开展建设。部分舰船设备在使用过程中遇到许多问题后,才逐步通过配置相应的技术保障装备改善装备状态。随着装备综合保障理念的逐渐转变,目前已经开展了装备和保障系统的同步建设工作,如新型舰船相关技术保障装备的配置基本与装备建设同步。

(3)中继级、舰员级技术保障装备长期以来缺乏系统的投入,导致技术保障装备建设相对较弱。传统的舰船技术保障重视定时维修,轻视平时的监测与健康管理;重视岸基固定保障建设,轻视岸基移动保障、海上伴随保障以及远程维修支援保障等建设。

(4)没有形成系统的技术保障人员培训体系,相应的在技术保障培训装备上缺乏足够的投入。虽然一些设备样机也可以为保障人员培训提供服务,但缺乏事先设计,使得培训功能难以系统化,效果也难以保证。

(5)在信息化建设方面还存在较大差距。

当前,各种下发的舰船技术保障装备建设经费虽然通过了各种权衡,进行了相应的先后顺序的排列和优选,但是如果能够从顶层设计方案的角度进一步优化设计,充分考虑任务需求、舰船装备发展和舰船技术保障能力形成过程,那么可以从总体上使舰船技术保障按体系化方向发展。

从以往的舰船技术保障装备配置数据分析可以看出,舰船技术保障装备决策流程是海军装备机关根据现有舰船技术保障装备能力情况、部队需求,结合经费情况进行综合协调后，上报需求，并由军委装备发展部进行审批后执行。具体包含需求任务分解、需求逐层上报、汇总权衡等阶段。

由于舰船技术保障装备体系建设投入相对不足，因此在建设上还存在一些不足之处，主要体现在以下方面：

（1）缺乏综合统一的协调管理，而是自下而上汇总需求，在此基础上逐步微调，缺乏系统的规划和设计。由相关数据可以看出，以往舰船技术保障装备配置基本上是为了满足现实的使命任务需求，属于被动应对型的管理模式。当出现具体问题时，再由海军装备机关采用专项经费的方式进行被动补救。

（2）对当前的整体能力没有定量的掌握和分析，是一种粗放的管理模式。在当前的情况下，舰船技术保障能力的把握有较大的主观性，不同的角度、不同的决策者所得出的结论可能区别较大。因此，无法对舰船技术保障装备亟须的薄弱环节等做出客观、准确的评价。从部队反映的情况来看，部分舰船技术保障装备配置后，由于功能不强、使用不方便或者难以满足任务需求，舰船技术保障人员不愿用；还有一些舰船技术保障装备重复配置，利用率低，造成有限经费的浪费。

（3）缺乏舰船技术保障装备体系的引导，对决策能够产生的效果不能形成整体的认识。由于舰船技术保障装备配置大都基于任务需求牵引或者是单项技术的改进，没有在整体上将舰船技术保障装备与舰船系统设备、舰船技术保障体制机制、舰船技术保障人员水平等一体化考虑，导致舰船技术保障装备没有成体系化发展，最终在能力体现上也参差不齐。

（4）舰船技术保障装备缺乏全寿命管理机制。目前许多舰船技术保障装备没有纳入设备体制中，导致一些装备使用过程中发生故障或出现其他问题后，缺乏后续的经费保障，使舰船技术保障装备不能持续发挥作用。

2.3.2　舰船技术保障装备体系建设

从舰船技术保障装备建设的现状中可以发现，目标设立应该更加具有层次性；信息收集要更全面，摸清舰船技术保障装备现状和基本参数；实施过程要有明确的保障。具体来说，就是要用"需求牵引，技术推动，体系建设"的原则来开展。

所谓需求牵引，是指舰船技术保障装备体系发展必须为舰船装备服务，为满足舰船装备的战备完好性、任务成功性服务。具体来说，是能够按时、高质完成各项舰船技术保障任务。并且要能够对需求进行细化，到底哪些舰船系统设备缺乏舰船技术保障装备；哪些舰船技术保障装备能力需要进一步提高；哪些舰船技术保障装备利用率低、功能偏弱，无需继续配置等。

所谓技术推动，是指舰船技术保障装备必须通过新技术、新工艺、新材料等创新手段，实现舰船技术保障能力的大幅提升，而不是不断重复配备现有的舰船技术保障装备。

所谓体系建设,是指舰船技术保障装备建设与发展应该在综合舰船技术保障能力形成的相关要素基础上,通过顶层设计与规划,统一协调地发展。既要满足现实使命任务要求,又要从长远考虑,通过转变能力增长模式、提高技术水平等手段和方式,促进舰船技术保障装备成体系发展。

"需求牵引,技术推动,体系建设"的原则为舰船技术保障装备建设方案的拟制提供了思路:围绕舰船技术保障装备体系优化和建立科学合理的舰船技术保障装备体制,以提高舰船技术保障能力为目标,提出舰船技术保障装备整体的配置方案,拟制舰船技术保障装备建设和发展规划。具体过程如图 2.8 所示。

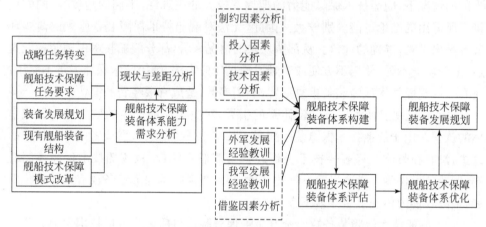

图 2.8　舰船技术保障装备体系形成过程

舰船技术保障装备体系的构建是体系规划的最终目标。首先通过综合舰船技术保障装备体系各要素的变化以及相互影响,明确舰船技术保障装备体系能力需求以及能力差距,综合投入、技术和发展规律,探讨能够达成的体系构成,并对体系构建方案不断进行评估、优化,从而形成顶层的任务规划。

其中,能力需求的形成是一个不断分解、综合的过程。首先由顶层粗目标向下分解、协调,再不断综合各方需求,形成初步方案后不断调整目标值,直到最后需求和目标之间达成平衡。

从决策流程来看,主要从如下方面进行改进:

(1)事前对基本能力水平有较好的评价和认识。即针对各个舰船技术保障单位建立定量的评价指标体系,分析其舰船技术保障装备能力水平。

(2)对可能产生的结果形成初步判断。构建方案评价模型,对方案进行定量评估,从而为决策者提供数据分析参考。

(3)进行风险评估。舰船技术保障任务需求、技术发展方向和速度、舰船技术保障装备经费的投入等都具有一定的不确定性,通过设定相关因素的风险值,定量分析目标实现的概率大小。

实际上,舰船技术保障装备体系实施策略要解决的问题是当前需求和远期规划之间的矛盾。如果仅仅考虑远期规划,那么采用何种发展模式都能够实现舰船技术保障装备体系目标。如果仅仅考虑当前需求,那么舰船技术保障装备体系难以形成合力,并且规划性不强,导致整个体系发展滞后。因此,决策过程需要综合考虑远期发展目标和当前实际需求、使命任务变化情况,两者有机统一可以在尽可能小的调整的情况下,完成任务满足程度、远期发展规划目标。

参 考 文 献

[1] Keating C, Rogers R, Unal R, et al. System of Systems Engineering[J]. Engineering Management Journal,2013,15(3):36—45.

[2] Popper S W, Bankes S C, Callaway R, et al. System of systems symposium:Report on a summer conversation [C]//The Potomac Institute for Policy Studies in Arlington, Virginia,2004.

[3] Manthorpe Jr W H. The Emerging joint system of systems:A systems engineering challenge and opportunity for APL[J]. John Hopkins APL Technical Digest,1996,17(3):305—310.

[4] Sage A P Cuppan C D. On the systems engineering and management of systems and federations of systems, information, knowledge[J]. Systems Management, 2001, 2(4): 325—345.

[5] Delaurentis D A Callaway R K. A system of systems perspective for future public policy[J]. Review of Policy Research,2004,21(6):829—837.

[6] Delaurentis D. Understanding transportation as a system of systems design problem[C]// The 43rd AIAA Aerospace Sciences Meeting & Exhibit,Nevada,2005.

[7] Carlock P G, Fenton R E. System of systems(SoS)enterprise systems engineering for information,intensive organizations[J]. Systems Engineering,2001,4(4):242—261.

[8] Jackson M C. Beyond a system of systems methodologies[J]. Journal of the Operational Research Society,1990,41(8):657—668.

[9] USGA Office. Defense Acquisitions DoD Management Approach and Processes Not Well-Suited to Supports Development of Global Information Grid[R]. Government Accountability Office Reports,2006.

[10] 张最良. 体系开发规律和科学途径[C]//香山科学会议第 269 次学术研讨会,北京,2005.

[11] 胡晓峰,杨镜宇,司光亚,等. 战争复杂系统仿真分析与实验[M]. 北京:国防大学出版社,2008.

[12] 赵青松,杨克巍,陈英武,等. 体系工程与体系结构建模方法与技术[M]. 北京:国防工业出版社,2013.

第3章 舰船技术保障装备体系模型构建

3.1 多视图建模方法及其适应性分析

3.1.1 多视图建模方法

对于相同的需求客体,由于利益相关者的要求各异,因此它们有不同的关注点,即有不同的视角(perspectives),而需求客体对不同利益相关者视角下的主观反映则为视图(views),视图和视角的关系如图 3.1 所示。

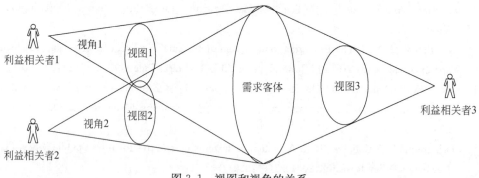

图 3.1 视图和视角的关系

可见,要全面反映舰船技术保障装备体系需求的不同视角,必须使用多视图方法对舰船技术保障装备需求的结构框架进行描述。

目前多视图建模体系结构和方法较多,企业建模一般采用多视图的描述方法。多视图的建模方法可以从各个方面反映企业的全貌,例如,CIM、OSA 中的功能视图、信息视图、资源视图和组织视图;ARIS 中的过程/控制视图、数据视图、功能视图和组织视图;Zachman 框架从数据、功能、网络人员、时间和驱动五个方面来对企业进行描述。

在军事领域,多视图模型用于描述各种军事信息系统和作战系统。典型的如DoDAF 提出了体系结构描述的三个视图:作战体系结构视图、系统体系结构视图和技术体系结构视图,分别从作战需求、系统实现和技术支持三个方面共同描述系统。在此基础上,研究人员进行了一系列的扩展,如军事需求的视图描述框架包括使命任务视图、能力视图、系统视图和资源视图。

3.1.2　多视图建模方法适应性分析

多视图建模是人们在了解复杂事物时常用的一种方法。多视图建模的基本思想是"分而治之"，它将一个复杂问题分解为反映各类人员的要求和愿望，同时也形成了对体系结构整体的描述。

多视图方法的优势主要体现在以下方面：

（1）从不同的角度描述整个体系，能够较方便地反映出各类风险承担者的需求和愿望，易于形成对体系结构整体的描述。

（2）从不同的角度对复杂事物进行抽象化，将一个复杂事物抽象成多种（类）简单的描述，简化了系统体系结构的描述过程，降低了描述的复杂度。

（3）针对不同风险承担者的特点和关注的问题，从多角度描述信息系统的体系结构，便于各类风险承担者从不同的角度理解体系结构，以便于他们之间的交流，促进各类人员对体系结构描述达成共识。

3.2　基于多视图的舰船技术保障装备体系模型

3.2.1　舰船技术保障装备体系结构建模分析

1. 体系结构建模分析

体系结构建模的目的是描述体系结构的本质属性，以方便人们认识与理解系统结构和解决体系结构面临的各种问题。在建立或描述复杂的体系结构模型时，通常需要许多主体的参与，也要求主体对体系相关信息的收集尽可能完全。从而需要从不同的角度使用不同的机制去描述它，形成体系结构的全貌后才能很好地描述体系中各方面的信息及其关联关系，特别是那些关系到体系成败的关键信息。这就需要运用多视图的建模方法。

一方面，复杂系统内部结构及其关联关系的复杂性是复杂系统建模必须面对的挑战。另一方面，人们的认知水平和具备的领域知识有限，难以形成对事物的全面认识，只能从自己所掌握的领域来认识和理解系统。每类领域人员从其所处领域角度出发，对系统实体的建模结果也不同。然而，这些模型结果都是描述同一系统实体，且建模的过程正确无误，模型都是对系统实体在不同领域的功能映射，即每一类视图下的模型都是某一类领域人员视角下对系统实体功能和结构的理解。因此，在对系统实体进行建模时需要综合不同视角下的系统模型才能很好地描述系统各方面的信息及其关联关系。这就是多视图建模方法的基本思想。

2. 技术保障装备体系建模分析

技术保障装备体系为满足海军舰船装备作战的需要，系统的功能越来越多，规模越来越大，结构越来越复杂，对体系结构设计的描述带来更大的复杂性。采用简单的模型很难将体系的组成、结构以及相互关系等内容描述清楚，对于这样的复杂体系结构，我们采用多视图的方法进行描述。

军事指挥人员、系统使用人员和技术保障人员是技术保障装备体系的提出人员，这三类人员分布在各军兵种、各部门、各领域，每个人只能从各自所属的部门、所属的领域出发提出技术保障装备体系的建模，也就是说，每类建模的人员只是从一个特定的角度去建模，职能反映技术保障体系的局部，所以，仅从一个角度出发难以形成技术保障装备体系的整体描述。由上述两个方面可以知道，无论是从技术保障装备体系建模的提出人员的角度还是从建模开发人员的角度，都很难形成一个全局的模型，因为这些人员由于各自的目的和职责不同，都会以自己拥有的知识，从不同的角度、在不同的地点、使用不同的语言和工具，对系统的不同的组成部分或不同的方面提出不同的模型，这样导致多个局部的模型规格说明的同时存在，并进行各不相同的求精。因此，在使用传统的需求工程方法对技术保障装备体系进行模型分析时，要得到一个有效的、完整的系统模型难度非常大。为了解决这一问题，我们引入了多视图方法。

3. 舰船技术保障装备体系视图构建

舰船技术保障包含众多的参与人员，从他们各自不同的角度出发，对舰船技术保障装备具有不同的视角。具体来说，包括以下几个方面：

（1）各级机关。从全局的角度进行控制，希望舰船技术保障装备形成完整的体系，满足舰船技术保障使命任务的需求，同时在合理的经费条件下，能够适应技术发展，不断提高技术保障装备建设水平。

（2）舰船技术保障单位。具体从需要完成的工作来说，需要配备哪些装备。一方面，舰船技术保障力量根据使命任务的不同分为不同的类别，同时在某一单位内部又根据具体从事的工作进行组织机构的划分，不同级别、不同专业的舰船技术保障单位的舰船技术保障装备有所区别。具体由各个专业的技术保障人员从具体的技术保障活动、舰船装备特点和技术要求出发，提出舰船技术保障装备需求。

（3）舰艇部队：舰艇部队从作战和训练出发，要求舰船技术保障能够及时、高质完成相关工作。例如，为了适应远航需求，及时提供伴随保障的便携式技术保障装备；作为技术保障培训机构，能够提供相应的装备支持。

因此，舰船技术保障装备体系可以从以下六个视图进行构建。

1）系统视图

从舰船的系统构成,对舰船进行层次分解。舰船是技术保障的对象,但舰船上不同系统具有不同的特点,相应的技术保障装备也有较大差别,因此,通过分解可以建立技术保障装备与系统设备之间的关联,同时也可以避免在配置技术保障装备过程中出现遗漏,影响舰船的完好性和执行任务能力。

维修是技术保障工作的重要组成部分,维修是与故障做斗争的工作,因此系统视图还需描述舰船系统设备的典型故障,由故障导出相应的技术保障装备需求。

2）组织视图

组织视图描述舰船技术保障力量的构成。由于本书重点研究中继级维修力量的建设,组织视图也将着重分解舰船技术保障大队、修理所的组织结构图。

组织结构的划分也是主要根据舰船系统设备所具有的基本特点和规律进行划分,因此对应的技术保障过程(活动)、技术保障装备也具有显著差异。

3）过程视图

过程视图时通过定义活动及活动之间的逻辑关系来描述技术装备保障体系的工作流程,供流程分析和优化使用。过程视图也是维系整个六个视图的纽带,既包括修理活动的流程,也包括在修理的过程中用到的一些技术方法,如常用的修复方法。

4）任务视图

任务视图描述的是技术保障装备体系的功能,说明了技术保障装备活动中需要完成的工作和任务,对任务目标进行分解和解释,确定各项功能的逻辑结构和相互关系。

不同的任务要求所确定的技术保障装备也是不同的。例如,基地级、中继级、舰员级维修力量任务不同,相应的技术保障装备不同。中继级的修理所、舰船技术保障大队也根据保障范围的不同划分为一、二、三类,分别承担不同的维修任务,因此在技术保障装备的配备上也有较大区别。

5）装备视图

装备视图具体描述技术保障装备的构成。技术保障装备是进行保障活动所必需的物质因素,这些资源是过程视图执行的物质基础。通过技术保障装备体系的建模、描述与分析,一方面可以全面掌握技术保障装备的组成与相互关联,另一方面可以提高资源的管理和使用的效率且能降低成本。

6）资源视图

资源视图描述的是技术保障过程中所需的人员、设备器材、技术资料以及相应的标准法规。技术资料包括技术说明书、使用说明书以及技术图纸图册等。标准法规包括技术标准、法律法规、标准体系三个方面。其中,技术标准包括基础技术标准、产品标准、工艺标准、检测检验方法标准,法律法规包括《标准化管理条例》《标准化法》等,标准体系包括国军标、国标、ISO9000 系列等。

舰船技术保障能力需求是由使命任务提出的,并由舰船技术保障活动具体实现。在这个过程中,参与舰船技术保障活动的要素包括舰船技术保障组织及所属人员、技术标准及相关的资源要素以及舰船技术保障的对象——各型舰船系统设备。因此,按照多视图的思想,可以将舰船技术保障装备体系分解为如图 3.2 所示的六个视图模型。

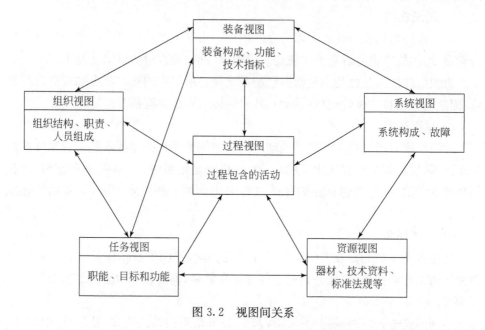

图 3.2　视图间关系

各个视图不是孤立的,而是有密切的联系。技术保障装备体系中的某些要素可以在不同的视图中以不同的粒度出现。例如,系统视图、组织视图、装备视图中的要素在过程视图中均能得到一定程度的表达,而装备视图中也包含过程信息,任务视图又是在过程视图的基础上产生的。由于维修保障的流程在技术保障装备体系中的重要性,在六个视图中,过程视图居于核心地位,视图之间的关联关系如表 3.1 所示。

表 3.1　视图之间的关联关系

视图1 视图2	系统	组织	过程	任务	装备	资源
系统	—	组织机构对应的系统	过程对应的系统	任务包含的系统	装备适用的系统	资源对应的系统

视图1　　视图2	系统	组织	过程	任务	装备	资源
组织	规定系统的组织划分	—	过程对应的组织机构	任务对应的组织机构	装备对应的组织	资源对应的组织机构
过程	系统技术保障包含的过程	组织机构对应的过程	—	任务包含的过程	装备对应的过程	资源对应的过程
任务	系统对应的任务要求	组织机构分配的使命任务	过程对应的使命任务	—	装备对应的任务	资源对应的任务
装备	系统技术保障需要的装备	组织机构拥有的装备	过程需要的装备	任务需要的装备	—	资源对应的装备
资源	系统技术保障的资源	组织机构拥有的资源	过程对应的资源	任务需要的资源	装备对应的资源	—

3.2.2　使命任务视图

任务视图描述舰船技术保障需要完成的使命任务。使命任务是舰船技术保障其他各视图存在的基础,通过其他各视图共同完成承担的使命任务。使命任务可以进一步分解细化,以便建立与其他视图之间的对应关系。

以舰船技术保障大队为例,使命任务主要包括:承担保障舰艇的临时修理、战时抢修和机动、伴随、靠前保障任务;承担跨区执行任务舰艇的临时修理任务;承担开展舰艇装备技术状态监测诊断及信息收集任务;承担特装装备标校、导弹装填装置维护修理等勤务性保障任务;承担舰员级维修培训任务,对舰员级维修工作实施指导和支援等,如图3.3所示。

使命任务也不是一成不变的,它将随着作战要求发生调整。在具体对使命任务进行分析时,可以根据使命任务对应的能力进行分解。中继级维修力量应具备的能力包括以下方面:

(1)修理保障能力。承担舰艇装备的临时修理和战时舰艇装备特装的等级修理任务,如战场抢修、维护保养、检测修理、物资补给、计量校准等。

(2)支援保障能力。对舰员级维修实施支持与支援,对舰员实施维修培训与技术服务。

(3)勤务保障能力。承担舰艇武器系统的标校任务和舰艇武器系统的联调任务。

(4)为其他单位的修理和技术保障提供工作平台和保障平台,承担维修图纸

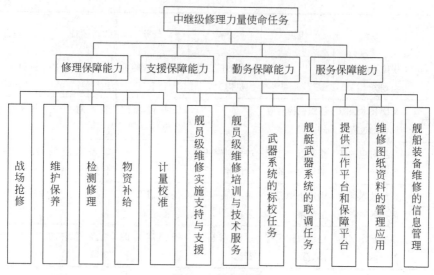

图 3.3　任务视图

资料的管理应用,承担舰艇装备维修信息管理。

舰船装备的日常保养包括以下方面:

(1)日检拭制度。每日按照机械检拭部署和装备使用操作规程、保养规则,对各种装备进行检查、测量、转动、润滑和外部清洁,测量绝缘,必要时通电、运转,排除故障,排除不了的故障及时上报。航行过程中和检修期间,应当进行检拭。

(2)周检修制度:每周用半天时间,按照装备使用操作规程、保养规则进行检查、测量、调整和定期通电、运转,排除故障,排除不了的故障及时上报;清洁装备和舱底,按照相关规定排除积油、积水;对舰体油漆脱落部位进行除锈、补漆。

(3)月检修制度:每月根据舰体、装备和备品备件的实际情况,按照装备使用操作规程、保养规则进行检查、保养、排除故障,排除不了的故障及时上报。各类舰艇月检修时间如表 3.2 所示。

表 3.2　各类舰艇月检修时间

舰艇分类	月检修时间
驱逐舰、护卫舰、扫布雷舰、猎潜艇、潜艇、大中型登陆舰及 500t 以上的辅助舰艇	连续 5 天
导弹护卫艇、护卫艇、导弹艇	连续 4,5 天
其他舰艇	连续 3,4 天

(4)航行检修制度。舰艇长期航行或者远航前后,按照装备使用操作规程、保养规则或者实际需要,对其主动力装置以及辅助机械进行一次工程范围较大的检

修;同时检修其他装备,并进行舰体水线附近和水线以上部分除锈、补漆。航行检修通常连续进行 10~15 天,需要进坞(上排)进行检修的,可以适当延长检修时间。

(5) 舰体检查制度。检查舰体牺牲阳极或者阴极保护状况,同时对甲板、舱壁的水密性以及腐蚀、破损情况实施检查,发现问题后及时解决。通常每三个月进行一次舰体检查;在大风浪、浅水区航行后,以及在主炮射击、导弹发射、投掷深水炸弹或者遭受水中爆炸之后,及时检查。结合舰体检查,每半年测量一次舰体电位。

根据使命任务的特点和使命任务的要求,可以采用任务表(表 3.3)、任务要求表(表 3.4)描述任务视图相关内容。任务类型包括图 3.3 所示的各种任务。任务要求表是具体任务对时间、费用、精度等相关参数的要求。

表 3.3　任务表

编号	任务名称	任务类型	上层任务	任务描述
110001	日检拭	维护保养	预防性维修	
⋮	⋮	⋮	⋮	
111001	油液检测	故障检测	检测修理	
⋮	⋮	⋮	⋮	

表 3.4　任务要求表

编号	任务要求名称	任务要求单位	任务要求数量级
120001	时间	小时	1h
120002	电压	伏特	0.1V
120003	费用	万元	10W
⋮	⋮	⋮	⋮

3.2.3　保障装备视图

舰船技术保障装备是构建舰船技术保障装备体系希望获取的输出。技术保障装备具有一定的功能,通过功能实现有关的技术保障活动,并由技术保障活动满足技术保障任务的能力要求。

舰船技术保障装备体系装备视图可以借鉴企业模型中的资源视图描述方法进行分析和建模。

资源作为企业进行生产经营活动不可缺少的因素,企业业务过程和活动的运行、企业功能的执行、企业组织的活动、企业经营目标的最终实现都必须得到企业资源的支持。从广义上讲,企业资源作为一个概念,其外延非常广泛,涵盖了企业所需的动实物,包括原材料、在制品、产品、设备、资金人员等物化资源,也包括技术、文档、数据、知识、无形资产、营销体系等无形资源。

　　资源模型是一个通过定义企业资源之间的逻辑关系和资源的具体属性,从而描述企业资源结构的模型。资源建模是一种建立描述资源模型的方法与技术,它通过定义资源实体及其相互之间的关系来描述企业的资源结构和资源构成。

　　资源建模方法学的主要研究内容是定义一套完整有效地描述资源及其结构的建模语言。对资源结构的描述需要提供对资源间的逻辑关系(如资源分类、分类标准、分类原则)的描述方法。对资源实体的描述需要提供对资源属性(如资源类别、资源的性质和性能、资源的能力等)的描述方法。

　　1. 舰船技术保障装备建模的概念

　　舰船技术保障装备的定义涉及装备的能力和可用性两个概念。

　　舰船技术保障装备的可用性是一个从时间维到集合{可用,不可用}的映射。

　　舰船技术保障装备的可用性涉及舰船技术保障装备的状态和对装备的使用调度问题。可能影响舰船技术保障装备可用性的因素包括空闲、被使用或被预定、暂时失效、彻底失效或不存在。

　　舰船技术保障装备的另一个重要概念是舰船技术保障装备的能力,它是指舰船技术保障装备支持某一活动的能力。

　　2. 舰船技术保障装备的属性

　　舰船技术保障装备一般包括以下通用属性:

　　(1) 舰船技术保障装备的共享性。舰船技术保障装备是否可被多个过程、活动所共享。

　　(2) 舰船技术保障装备的可移动性。舰船技术保障装备是固定位置,还是可以改变位置,或是可以移动的。

　　(3) 舰船技术保障装备的自治性。就可以移动的舰船技术保障装备而言,它可以是自治的、非自治的。自治是指装备自己具有决定移动到哪里的能力,非自治是指没有能力自己决定移动方向,而半自治是指可以在其他舰船技术保障装备控制下移动。

　　舰船技术保障装备可以由以下的属性精确定义,如表 3.5 所示。

表 3.5　舰船技术保障装备表

编号	名称	类型	位置	作用	状态	共享性	可移动性	成本/元	备注
130001	车床	船机电专业	机加工车间	切削	完好	可共享	不可移动	50000	

3. 舰船技术保障装备分类、状态及其控制

舰船技术保障装备视图描述了舰船技术保障装备分类、构成、结构、相互之间的联系及与其他视图模型元素之间的联系等。

舰船技术保障装备视图的构成要素包括以下方面：

（1）资源型。资源型是具有某些公共属性的一类舰船技术保障装备实体的集合。资源型对象从舰船技术保障装备分类的角度描述，可以嵌套定义，子资源型对象可以继承其父资源型对象的属性，从而构成舰船技术保障装备分类树。

（2）资源组。资源组是指以执行某一任务为目标而动态组建的舰船技术保障装备组合，这里指的是由具体舰船技术保障装备实体组成的集合。至于资源型的组合，可以在过程建模时为舰船技术保障活动分配执行舰船技术保障装备时动态形成。

（3）舰船技术保障装备实体。舰船技术保障装备实体对象描述原子级的具体舰船技术保障装备。

（4）资源能力。舰船技术保障装备模型中的能力对象不仅包括现有舰船技术保障装备具有的执行活动的能力，还包括完成舰船技术保障任务需要的能力，表达对资源能力的一种需求。资源能力对象对舰船技术保障装备建模和过程建模都具有重要意义。

对舰船技术保障装备的控制涉及申请舰船技术保障装备的舰船技术保障活动在执行期间对舰船技术保障装备的管理。舰船技术保障装备的使用与控制是根据舰船技术保障装备的状态进行的。

根据舰船技术保障装备在舰船技术保障装备过程中的应用情况，舰船技术保障装备可以分为以下状态：

（1）装备保留。装备保留发生在需要该舰船技术保障装备的活动按计划准备执行的时候。这时要分析活动对舰船技术保障装备的需求，为活动的执行预定舰船技术保障装备。

（2）装备分配。装备分配发生在装备保留之后，确认将舰船技术保障装备分配给一个活动时，即保证该舰船技术保障装备在一段时间里被分配，且只被分配给某一个活动。

（3）装备获取。装备获取发生在活动执行期间。除非该舰船技术保障装备是可共享的，或有比该活动的优先级更高的活动发出申请，否则该舰船技术保障装备为该活动独占。

（4）装备释放。活动不再使用舰船技术保障装备时便会释放该舰船技术保障装备。

在支持一个活动的整个过程中，舰船技术保障装备状态的变化可由图 3.4 所

示的有限状态机表示。

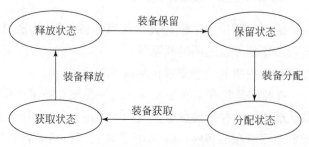

图 3.4　舰船技术保障装备状态转换

4. 舰船技术保障装备模型与过程模型映射

建立舰船技术保障装备模型的目的不仅仅是描述舰船技术保障装备结构,更重要的是它要支持舰船技术保障任务过程的管理、执行、仿真、诊断和优化,而舰船技术保障装备建模是以过程为中心的建模,因此实现舰船技术保障装备视图与过程视图的关联和解耦也是舰船技术保障体系建模的重要内容。

1) 舰船技术保障装备模型与过程模型关联的需求

舰船技术保障装备是实现舰船技术保障任务的物质基础,如何使用与调度舰船技术保障装备完成舰船技术保障流程的建模对提高管理和技术保障效率至关重要。工作流、过程建模为描述舰船技术保障任务流程提供了有力的工具,也使建立舰船技术保障装备和过程模型(工作流模型)的映射成为可能。为舰船技术保障任务流程中的各项活动分配执行舰船技术保障装备,然后从舰船技术保障任务流程链中抽取舰船技术保障装备信息,即可得到舰船技术保障装备在舰船技术保障任务中的流动过程,对这种变换进行进一步的仿真、分析和优化,可以大大提高舰船技术保障装备管理和使用效率。

然而,鉴于舰船技术保障任务的动态复杂性,舰船技术保障装备模型和过程模型的关联绝不能是生硬和僵化的。

舰船技术保障装备和过程模型的解耦是舰船技术保障体系建模的一个基本原则。只有实现了舰船技术保障任务和完成这些活动所需舰船技术保障装备的解耦,才能真正提高舰船技术保障体系运行的灵活性和效率。在实际运行中,某项舰船技术保障装备总是可能因为被使用/预定、故障或永久失效而变得不可用,如果舰船技术保障装备模型中舰船技术保障活动早早地直接绑定到具体舰船技术保障装备实体上,在实时运行中就可能遇到困难。因此,需要用一种更松的耦合代替具体舰船技术保障装备和任务过程之间的紧密关联。

2）传统的舰船技术保障装备与过程解耦方式

在传统的舰船技术保障装备分配中，通常使用组织作为舰船技术保障装备和过程的中间环节。把舰船技术保障装备固定分配给某个组织部门，在实现某个任务过程时，先将过程分配给组织部门，然后直接调用该组织部门所有的舰船技术保障装备加以实现。这样的舰船技术保障装备分配方法比较简单直观，但是存在以下主要问题：

（1）舰船技术保障装备利用不平衡。有些部门的舰船技术保障装备长期闲置，利用率较低，而有些部门的舰船技术保障装备长期处于超负荷工作状态，甚至出现舰船技术保障装备严重短缺的现象。

（2）组织关系限制舰船技术保障装备的统一调配。组织机构相对独立，虽然可以通过海军、舰队等上级机关部门进行调配，但是仍然无法满足舰船技术保障装备统一调配的要求。

（3）无法适应舰船技术保障装备的动态利用。当前，为了适应作战需求，组织机构逐步实现扁平化，舰船技术保障装备是整个中继级维修力量或车间组合共有的。更多的过程由临时形成的工作组承担，以前的舰船技术保障装备分配方法就远远落后于舰船技术保障任务的需求。

由以上问题可以看出，需要在舰船技术保障装备和过程中间建立更加合理的关联关系和解耦关系。

3）两层次的舰船技术保障装备与过程解耦方式

舰船技术保障装备模型和过程模型的解耦可以通过静态和动态两个层次来实现。

（1）舰船技术保障装备的静态描述。

在对舰船技术保障装备进行静态描述过程中，引入资源型的概念。资源型作为过程活动和具体舰船技术保障装备实体之间的中间层次来实现过程和舰船技术保障装备的解耦，即活动—资源型—资源实体。

能力集在舰船技术保障装备视图和舰船技术保障过程视图的解耦中是一个关键概念。它有力地支持了过程和资源的解耦：过程需要一定的能力来完成执行，而舰船技术保障装备实体在可用状态和能力允许的情况下能够执行一定的功能操作。能力集使过程和舰船技术保障装备实体彼此独立又提供了映射原则，这里所要介绍的资源型就是能力集概念的具体体现形式。

资源型主要指能完成某一类活动的舰船技术保障装备的集合，分类依据主要是舰船技术保障装备能够完成的功能类型和使用特征，实质上也正是一种舰船技术保障装备能力集合的概念。建模者按照可实现的能力（或者说功能）把舰船技术保障装备按资源型归类和整理，资源型可以嵌套定义，最终舰船技术保障装备实体作为最底层资源型下的叶子节点。

在建模的静态分析和设计阶段,可以先将任务过程每个活动的执行者确定为某一个(些)资源型,或者关联为执行该活动需要的能力集合;在简单的过程模型执行中,也可以以此为桥梁,根据当前的舰船技术保障装备状态,按一定的调度分配策略动态地为活动进行具体舰船技术保障装备的配置。

(2) 舰船技术保障装备的动态分配。

舰船技术保障装备树中的资源型将所有舰船技术保障装备进行了整体描述,而以过程为中心的舰船技术保障体系需要在运行过程中柔性地为每一个活动分配一系列舰船技术保障装备,这些舰船技术保障装备的组合是动态的、临时的,甚至是不确定的;而且在舰船技术保障过程仿真中,需要尝试不同的舰船技术保障装备组合配置方案,找出最佳的过程参数和舰船技术保障装备配置方法。在这些动态环节中,资源组成为一个重要的角色,它作为过程活动中动态连接具体舰船技术保障装备实体中间的重要桥梁,即活动—资源组—舰船技术保障装备实体形式。

针对舰船技术保障任务过程的某个活动,可以从舰船技术保障装备树的各资源型中抽取一系列舰船技术保障装备实体构成资源组。当执行舰船技术保障装备动态分配或者业务流程仿真时,就可以选择已经组合好的资源组来实现舰船技术保障装备配置,而不用再到舰船技术保障装备树中一一选择舰船技术保障装备实体。

从舰船技术保障装备实体的组合还可以扩大到一种更为灵活的组合——资源型的组合。这是一种虚拟的舰船技术保障装备聚类,组合的每个成员不是具体的舰船技术保障装备个体,而是一类(一组)能够完成相同任务的舰船技术保障装备个体的逻辑表达。这种资源型组合还可以在舰船技术保障任务仿真过程中提供多种备选解决方案,这就实现了更柔性的舰船技术保障装备动态安排和调换。

例如,现在需要连续实现车、铣、磨三个加工过程,可以构成一个针对该流程的资源组 A,该组提供三种资源型组合方案:

方案 1:车床＋铣床＋磨床。

方案 2:车床＋铣磨组合机床。

方案 3:综合加工中心。

在仿真或者动态分析时,可以直接从中选择任意一种方案,或者依次选择每种方案实现这一过程,从而找出最佳的舰船技术保障装备实现方式。在这个选择过程中,无需知道使用的是具体哪台车床或者哪个加工中心,而只关心资源型实现过程的能力即可。通过这种分析,还能知道哪些类型舰船技术保障装备闲置,急需哪些舰船技术保障装备,从而进一步指导舰船技术保障装备购入和更合理地分配舰船技术保障装备。

3.2.4　组织机构视图

舰船技术保障的组织结构体现了舰船技术保障的非物质的构成机制。其由一系列层次化的组织单元构成。每一个组织单元属于某一个层次,对其下一层次的组织单元具有管理职责与权限,并对上一层次的组织单元负责,从而形成舰船技术保障的组织树。组织树中的每一个节点定义了对底层节点的约束和目标。

组织建模涉及舰船技术保障组织结构的设计与建立。组织模型以职责、权限的形式定义了舰船技术保障成员、各个部门的作用与任务。目前,对组织建模方法的研究主要采用组织图方法,即舰船技术保障组织被分解成部门,部门被分解成子部门,最后分解到舰船技术保障的原子级机构,并为每一个部门定义一个管理者。但组织树的建模方法采用的树状结构过于简单,只描述了谁领导谁的关系。在实际的舰船技术保障过程中,相关的活动、决策涉及舰船技术保障单位所有部门与人员,必须建立能够适应舰船技术保障活动的组织结构。在此给出比较普遍接受的组织的定义。

组织是一个社会结构,将人组织到一起,并使人在一个技术体系和组织结构中工作。组织图是一个树状的结构,定义了舰船技术保障中的功能领域,说明谁对这些功能领域负责,谁向谁报告工作。

由此可以看出,舰船技术保障的组织视图描述了人与任务之间的联系。组织是一个主动系统。可以用其行为与动力学特性刻画,组织结构必须是柔性的。组织的行为特性是指舰船技术保障的操作与服务,也就是舰船技术保障的日常活动特性。舰船技术保障的动力学特性是指舰船技术保障的进化能力和适应环境变化及采用新技术的能力。

1. 组织建模的基本概念

从舰船技术保障的功能角度看,舰船技术保障组织是由一系列的舰船技术保障过程构成的。过程表示了舰船技术保障组织必须完成的任务和最终要实现的目标,这些过程可以由人完成,也可以由舰船技术保障装备实现,但大部分情况下这些任务是由人和舰船技术保障装备共同协作完成的。过程、人、技术三者之间的关系在舰船技术保障中构成过程—人—技术三元组,这三者之间存在密切的关联。组织建模的目的就是明确描述这三者之间的关系。

以下是组织建模的一些基本概念的定义。

(1) 组织层次:是一个结构化的级别,同一级别上具有相同性质和工作的组织单元集合在一起。

(2) 组织单元:由一个和若干个企业功能实体的集合,这些功能实体完成决策

（决策中心）和任务操作（操作中心）工作。

（3）职责：是赋予组织单元的在其权限范围内进行决策和任务执行的权利和能力。

（4）权限：是对组织单元决策范围的限定。

根据以上定义，组织单元可以是原子级的，如一个人、一个决策支持系统、一台机器，也可以是一个组合，如一个工作组、一个车间、一个部门。

（5）决策中心：描述和管理活动。

（6）执行中心：描述对任务的执行和处理。

但一般来说，这决策中心和执行中心两个集合的边界是模糊的。

根据组织层次的定义，组织级别将具有相同性质的组织单元组合到一起，即这些组织单元具有相同的目标。这意味着尽管这些组织单元所要完成的任务可能不同，但它们在相同的职责范围内具有类似的职责。例如，所有分公司的经理具有相同的职责，他们定期开会协调各自的工作，尽管工作类型不同。

组织单元职责的定义说明了必须清晰定义组织单元的职责范围，如生产部门的负责人负责车间的作业调度，或负责一个产品开发项目等。组织单元的权限赋予了组织单元对其他组织单元的权力。

组织设计的作用是定义一个具有适当的组织层次并对每一层次赋予适当的职责和权限的组织结构。一个组织级别为下一组织级别定义了一个目标和约束集合，并继承了上层高一级别的组织单元的目标和约束。

2. 组织建模

人和组织作为一类特殊的资源，在组织模型中考虑的是人和组织的职责与权限以及它们之间的联系。组织视图描述组织实体、组织实体之间的关系、组织实体与其他视图中实体之间的关系，同时还要保证组织视图内部以及与其他视图之间的一致性。

组织模型包括以下内容。

（1）组织结构的描述：描述舰船技术保障的组织结构。

（2）组织单元/基本组织单元的描述：描述构成舰船技术保障组织结构的基本对象。基本组织单元是完成舰船技术保障活动的一个人、一台机器或若干个人、机器和其他资源的组合。组织单元由人、基本组织单元和低层组织单元构成，组织单元间的隶属关系构成舰船技术保障的组织结构树，组织结构树描述了舰船技术保障组织的静态层次结构。

（3）人员（man）描述：描述舰船技术保障组织内部的人员。一个人员是一个独立的、具有一定行为能力和一定技术能力的人的实体。

（4）角色（role）描述：描述人和组织在舰船技术保障活动中的作用以及组织模型与其他模型之间的关联。

从修理的组织机构部门上划分，可以将整个舰船技术保障大队划分为如图 3.5 所示的组织结构。

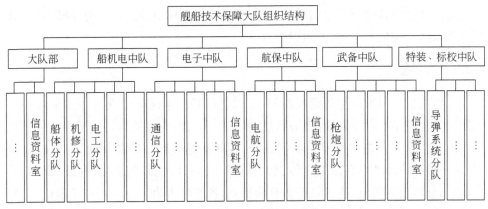

图 3.5　舰船技术保障大队组织结构视图

组织视图主要描述组织结构，如图 3.5 所示的层次结构关系图用以说明各个单位之间的隶属关系；也可以采用数据表的形式进行描述，主要内容包括名称、上层组织、编制数量、职责，如表 3.6 所示。

表 3.6　组织结构表

编号	名称	上层组织	编制数量	职责
060001	机加工分队	船机电中队	5	

针对各个组织机构的内容，需要描述人员及其角色，这里称为专业。人员表（表 3.7）主要描述姓名、性别、年龄、所属组织、专业、技能水平等级。而专业表（表 3.8）主要描述舰船技术保障组织和人员的专业属性，并由此描述相应的技能需求，为舰船技术培训任务的装备需求提供输入。

表 3.7　人员表

编号	姓名	性别	年龄	所属组织	专业	技能水平等级
080001	张×	男	40	机加工分队	钳工	一级

表 3.8 专业表

编号	组织	名称	描述
070001	××修理所	钳工	

通过建立与其他视图之间的联系,可以分析得出相应的组织需要哪些人员、哪些专业及其相应的人员能力、数量要求。

3.2.5 过程视图

从舰船技术保障过程的角度出发,可以将舰船技术保障过程进一步分解为相关的活动。舰船技术保障装备体系过程视图描述了组成过程的各个活动及它们之间的逻辑关系。以维修过程为例,又可以将其继续分解为装备接收、观察故障现象、故障检测、故障隔离、故障定位、装备拆卸、装备修理、装备装配、调试与检测等活动。此外,根据机电、电子设备各自的特点,各维修活动还可以进一步细化,以便通过维修活动建立与舰船技术保障装备之间的关联。

根据修理活动的具体顺序和特点,可以明确如下典型的修理活动。

(1)接近:为接近下一层次的部件或为了接近所分析的部件而必须实施的工作。

(2)调整:在规定限度内,通过恢复正确、恰当位置,或对规定的参数设置特征值,进行维护或校准。

(3)对准:调整装备中规定的可调元件使之产生最优或要求的性能。

(4)校准:通过专门的测定或与标准值比较来确定精度、偏差或变化量。

(5)分解(装配):拆卸到下一个更小的单元级或一直到全部可拆卸零件(装配则反之)。

(6)故障隔离:研究和探测装备失效的原因,在装备中隔离故障的动作。

(7)检查:通过查验,将产品物理的、机械的和(或)电子的特性与已建立的标准相比较,以确定适用性或探查初期失效。

(8)安装:执行必要的操作,正确地将备件或配件装在更高层次的装配件上。

(9)润滑:利用一种物质(如机油、润滑脂、石墨)以减少摩擦。

(10)操作:控制装备以完成规定的任务。

(11)翻修:恢复一个项目到完全可用或可操作状态的维修措施。

(12)拆卸:为从更高层次总成中取出故障件(配件)需要实施的操作。

(13)修复:用来使成品装备、总成、分总成、组件或部件恢复到随时可用状态的一种维修活动或工作任务。也是用作维修活动或恢复从成品装备上拆卸下来的某项部件的特殊措施。通过更换低一级非修理部件或通过重新加工,如焊接、磨削或表面处理来排除特定故障或毛病,并证明故障已被排除。

（14）更换:用能使用的部件替换有功能故障的、损坏的或磨损的部件。

（15）保养:使装备保持在良好的可用状态,要求定期进行操作,如清洗、换油换水、油漆,补充燃料、润滑油、液体或气体。

（16）测试:通过测量某项装备的机械、气动液力或电特性并将这些特性与规定的标准值比较来验证其适用性。

此外,还有其他的技术保障过程的典型活动,如清洗活动,充、填、加、挂活动,牵引、拖曳活动,系留、拦阻活动,顶起、吊挂、支撑活动,运输、储存活动,以及其他相关活动等。舰船技术保障活动如表 3.9 所示。

表 3.9　舰船技术保障活动表

编号	名称	描述
090001	清洗	在一定介质环境中,在清洗力的作用下,除去物体表面的污垢,恢复物体表面本来面貌

活动之间的相互关系可以采用过程模型进行描述。

过程模型是一种通过定义组成活动以及活动之间的逻辑关系来描述工作流程的模型。而过程建模是一种建立描述过程模型的方法与技术,它通过定义活动和活动之间的关系来描述业务过程或工作流程。业务过程建模的方法学研究的主要内容是提供一整套有效的描述业务过程的建模语言。对流程的描述需要提供顺序结构,如顺序、分支、汇总、循环、条件、并行等的描述。使用者通过这些语言建立企业过程的形式描述。目前主要的过程建模语言有 CIM-OSA 过程描述语言和工作流联盟提供的过程描述语言。

按照上述的描述,可以通过数据表的形式描述过程视图中的相关内容,如表3.10 和表 3.11 所示。

表 3.10　活动关系表

编号	名称	描述	备注
100001	顺序关系		
100002	并行关系		
100003	同步关系		

表 3.11　技术标准

编号	技术标准名称	描述	功能
140001	管系清洗工艺要求		

　　不同的舰船系统设备对应的活动所采用的技术、设备不尽相同,因此,需要通过视图之间的关联表进一步描述。

3.2.6　系统视图

　　系统视图反映了舰船系统结构和各种舰船系统典型故障,可以采用系统分解的方式描述舰船系统结构组成。以××型护卫舰为例,舰船系统结构组成如图3.6所示。

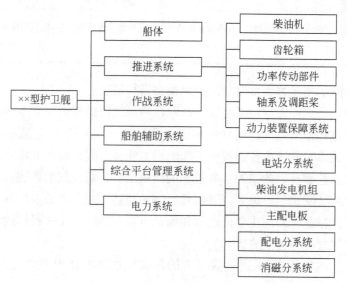

图 3.6　舰船系统结构组成

　　从故障的角度来说,根据系统设备的特点,舰船系统又可以分为机械产品、电气设备、电子产品,它们分别对应一些典型故障模式。

　　机械产品的故障模式如图 3.7 和图 3.8 所示。

　　电子产品的典型故障模式如表 3.12 所示。

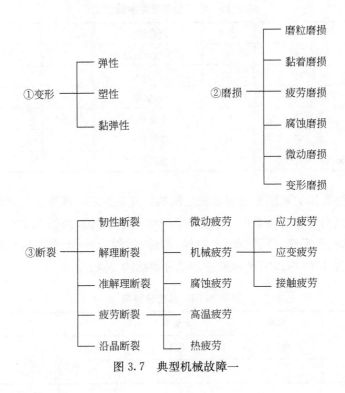

图 3.7　典型机械故障一

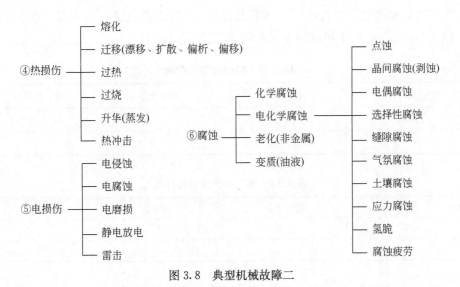

图 3.8　典型机械故障二

表 3.12 电子装备常见故障模式

序号	故障模式	序号	故障模式	序号	故障模式
1	不能开机	7	输出过大或过小	13	绝缘击穿
2	不能关机	8	无输入	14	氧化
3	错误动作	9	无输出	15	断裂
4	电短路	10	不能切换	16	变形
5	电开路	11	错误指示	17	其他
6	输入过大或过小	12	机械磨损	—	—

可以通过实体关系图来反映系统之间的相互关系以及各系统关联的典型故障类型。系统之间的相互关系可以通过系统分解表来描述,如表 3.13 所示。其中,类别包括系统、子系统、设备、单元、组件、部件、零件七种;类型包括机械、电子、电气三种。由表 3.13 可以清楚地描述系统分解结构关系。

表 3.13 系统分解表

编号	名称	类别	类型	上层名称
010001	柴油机	子系统	机械	动力系统

不同类型的舰船装备系统在进行故障度量时,需要测量一系列相关指标,表 3.14 和表 3.15 列出了相应的指标名称、度量单位等内容。

表 3.14 机械度量指标表

编号	指标名称	度量单位	指标描述
020001	尺寸	米	

表 3.15 电气电子度量指标表

编号	指标名称	度量单位	指标描述
03001	电压	伏	

表 3.16 和表 3.17 列出了机械、电子装备典型故障模式。

表 3.16　机械装备典型故障模式

编号	名称	上层名称	故障模式描述	故障机理	故障影响	故障后果
040001	磨粒磨损	磨损				

表 3.17　电子装备典型故障模式

编号	名称	故障模式描述	故障机理	故障影响	故障后果
050001	不能开机				

　　系统典型故障及其相应的测量指标可以通过建立上述表之间的关联关系获得。

3.2.7　资源视图

　　舰船技术保障活动需要相应的资源,这些资源既包括人员、设备器材,也包括技术资料和标准法规等。资源视图不仅描述舰船技术保障活动资源的分类结构,还包括根据任务的需要而形成的不同资源之间的组合关系。

　　舰船技术保障活动必须遵循一定的标准和规范要求,这些标准和规范又可从另一方面确定舰船技术保障装备应具有的功能和技术指标。资源视图总体结构如图 3.9 所示。

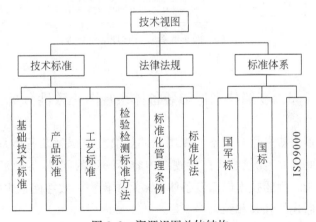

图 3.9　资源视图总体结构

　　从海军舰船技术保障的专业或职能出发,可以将舰船技术保障法规分为两大类:一类是维护(保养)法规,其体系结构如图 3.10 所示;另一类是舰船装备修理法规,其体系结构如图 3.11 所示。

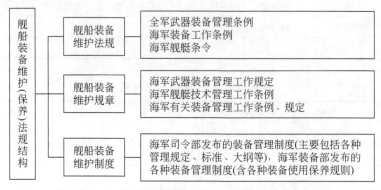

图 3.10　海军舰船装备维护(保养)法规体系

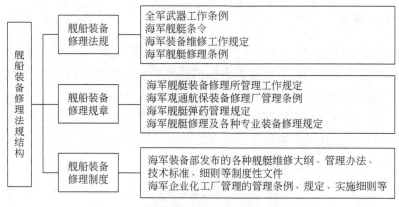

图 3.11　海军舰船装备修理法规体系

3.3　舰船技术保障装备体系视图一致性分析

多视图建模方法采用多个不同视图描述舰船技术保障装备体系的不同侧面,但视图之间彼此独立,比较容易产生视图内容不一致的问题,导致后续的分析、优化结果出现差错。舰船技术保障装备体系多视图模型一致性问题主要源于视图之间存在的各种形式的联系和约束。

3.3.1　视图一致性解决途径

视图一致性包括两种情况:采用分解方法建立的递阶层次化模型,应当保证上下层模块之间的一致性,即同一视图的纵向细化一致性;采用多视图方法生成的多视图模型,应当保持不同视图之间的一致性,即视图间的横向映射一致性[1]。纵向一致性可以在视图模型细化的过程中加以保证,因而本节重点关注横向一致性。

在软件需求领域,一致性的验证和处理是需求工程的重要问题,目前主要包含如下五类主要方法[2]:基于经典逻辑的方法、基于带标记的准经典逻辑的方法、基于目标的方法、基于模型检验的方法和基于图形表示的方法。基于经典逻辑的方法的优点是具有确定的判定规则,但对需求的形式化要求较高;基于目标的方法利用目标的语义模式以及启发式规则对需求不一致性进行处理;基于模型检验的方法需要将需求描述为状态变迁系统;基于图形表示的方法在自动化和易用性之间进行了折中,规则可由用户定义,便于理解。

企业建模过程中的多视图一致性分析也大都基于图形、规则的方法来减少数据一致性方面的冲突,本节所构建的舰船技术保障装备体系描述的目的是分析影响舰船技术保障装备的要素,并研究构建优化模型,而不是用于软件开发,因此将主要通过关联消解、制定一致性规则等方式确保一致性。

1. 前提条件

为了便于建模以及开展一致性分析,首先提出如下前提条件。

条件 1:不存在一个与舰船技术保障组织、装备、资源等毫不相干的技术保障过程,即所有的视图限制在一个体系之内。

条件 2:每个视图内模型正确性已经满足。

条件 3:体系的所有过程都可以表达在过程模型中。

条件 4:资源视图和组织机构视图中的任何节点在过程视图中都是有用的,即与体系过程绝对无关的资源或组织机构被认为是不存在或没有意义的。

2. 视图的一致性规则

用多视图描述舰船技术保障装备体系,必须保证各个视图之间的一致性。这里采用如下策略:首先要求所有的视图都可以在同一个过程模型中进行描述;然后每个视图保证自身的正确性。在此基础上,视图一致性由如下三个原则来保证:

(1) 引用规则。引用规则规定了在某个视图中定义与其他视图相关的属性时,必须在那个对应的视图中引用。

(2) 提取规则。如果视图模型建立时需要从另一视图模型中提取信息,那么其提取规则在本视图中需要具体化。

(3) 派生规则。派生规则是指同一个属性或事物在不同的视图中有相应的不同表现形式。

3. 视图关联消解

对于舰船技术保障装备体系的多视图模型,视图之间的联系是固有的。但视图之间的联系有强弱之分,过程视图是调用舰船技术保障组织相关的人员及其配属的舰船技术保障装备,遵循一定的标准、法规,来完成对应的舰船装备的使命任务,所以过程视图与其他视图之间都是强联系。

过程视图与组织视图的联系是:过程中的活动一定要通过组织中的成员或是某个角色完成,这表明了任务的执行者以及过程对操作人员的权限控制。过程视图与舰船技术保障装备视图的联系是:任务的完成一定是某些成员通过使用某些舰船技术保障装备来完成,离开资源环境工作就不能执行。过程视图与系统视图的关系是:舰船装备系统是过程活动的基本对象,也是过程活动的主要目标。过程视图与资源视图之间的关系是:过程的执行总是在一定的技术标准和规范约束下进行,为了保证活动能够使用一定的舰船技术保障装备、按照权限角色进行,必须有资源视图。过程的重组和改进也是以时间、成本等为约束条件进行分析和规划的。

舰船技术保障装备视图与组织视图的关联是强联系,舰船技术保障装备一般隶属于具体的组织部门,舰船技术保障装备的使用要受到组织的制约。

任务视图与组织视图、过程视图的关联也是强联系,舰船技术保障任务通过具体的过程来实现,并要分配给相应的组织部门。

系统视图与组织视图、资源视图与舰船技术保障装备视图、资源视图与组织视图等之间虽然也存在各种联系,但这些联系都能够以过程视图作为中间桥梁连接,因此它们之间的联系可以看成弱联系。各个视图之间的强弱关系如图 3.12 所示。

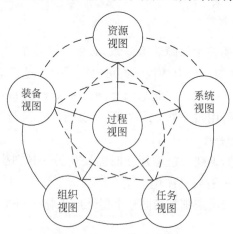

图 3.12　各个视图之间的强弱关系

　　关联消解实际上就是破圈,将一个视图看成一个顶点,忽略弱关联,那么解除圈中的某些弧(即关联),使任意两个视图之间的关联,不管是直接的还是间接的,都只有一条途径,变关联的网状结构为树状结构[3]。

　　由于过程视图对舰船技术保障装备、组织的应用是直接的,但组织视图也可以通过舰船技术保障装备视图引用来进行,因此首先破除组织视图与过程视图之间的直接关联,这样就可以避免过程视图中活动所引用的舰船技术保障装备不属于对应的组织。

　　解除组织视图与任务视图之间的关联,任务视图分解为过程,最终任务的完成是对应的各个舰船技术保障过程由组织来完成。

　　解除系统视图与任务视图之间的关联,舰船装备系统的舰船技术保障任务也是由一个个过程来实现的。

　　关联消解后各个视图的关系如图 3.13 所示。

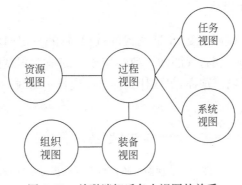

图 3.13　关联消解后各个视图的关系

4. 一致性机制

　　一致性机制保证一致性规则的落实,并且相互补充在关联消解方案下发挥作用。主要的一致性机制包括以下方面:

　　(1) 操作约束机制。建模时,自动按照一致性规则约束用户操作。例如,不允许直接在过程模型中应用未经定义的舰船技术保障装备。

　　(2) 自动反馈机制。一旦某个模型完成输入,就按照一致性规则和关联消解过程自动在其他相关视图中进行检查。例如,过程模型输入后,自动检查过程模型中应用的舰船技术保障装备、舰船系统、舰船技术保障组织是否在相应的模型中已经定义,并检查舰船技术保障装备是否属于对应的组织。

3.3.2　视图一致性要求带来的问题

1. 对模型定义的影响

模型及其组成元素的定义对视图一致性具有重要影响,定义越丰富、越详细,视图一致性就越难保证。反过来,视图一致性的要求对模型的定义产生了一定的约束作用,模型定义时,要考虑一致性的问题,一些在逻辑上存在但不重要的关联信息应该大胆抛弃。

原则上,装备与组织、系统、资源诸方面都有比较密切的联系,但如果在装备模型的各个节点上附加这些信息,不仅使装备模型数据量变得过于庞大,而且保持一致性的问题会造成建模活动非常复杂。因此,装备模型的定义只考虑与过程模型相关的信息,它与其他模型的关联都通过过程模型来间接保证。

2. 对建模过程的影响

装备建模是一个循环往复、不断迭代的过程,每隔一定时间,模型的版本就更新一次,在新版本生成之前,视图的一致性应该得到最大程度的保证,以免给后面的工作造成更大的影响。这样,采取什么样的建模技术路线,对保证视图一致性有重大影响。

参 考 文 献

[1] 孙成柱,李向阳,徐晓飞. 虚拟企业模型一致性检查算法设计与实现[J]. 计算机集成制造系统,2005,11(11):1520—1525.

[2] 陈洪辉. 基于多视图的 C4ISR 系统需求一致性验证方法研究[D]. 长沙:国防科学技术大学,2007.

[3] 赵博,范玉顺. 多视图企业建模方法中的视图一致性研究[J]. 计算机集成制造系统,2003,9(7):522—526.

第 4 章 舰船技术保障装备能力需求分析

4.1 基于能力的需求分析理论

基于能力规划(capability based planning,CBP)方法由美国率先提出,用于描述武器装备系统在未来不确定的军事斗争环境下的军事需求。在 CBP 指导下,能力是需求开发人员依据使命任务及高级作战概念描述,通过背景分析、能力领域分析而获得的,描述待建武器装备体系完成使命任务潜在本领的抽象概括。CBP 成为当前研究体系需求的主要方法之一,能力也成为武器装备体系需求描述中的核心要素[1]。

基于能力的装备体系需求分析方法基本思想是:从不确定的多元威胁出发,在一定的经济约束下,从应对广泛的现代挑战和多变环境所需要的能力进行规划,进而提出装备体系发展方案。其过程是:首先,广泛辨识威胁、识别作战任务,理解作战能力需求;然后,在想定空间内,从作战任务或作战行动层面对能力进行分析;最后,根据能力需求方案规划装备体系,基于能力的装备体系需求分析方法也考虑威胁,但不仅仅是考虑某个特定地区的特定敌人,而是考虑各种可能威胁及可能的情况,遵循"战略目标—必要的能力—能力需求方案"的逻辑思路,提出对作战能力及其主要特性的要求[2]。

由此可知,基于能力的舰船技术保障装备体系需求分析就是根据未来联合作战对舰船技术保障使命任务的要求,综合考虑各方面因素,分析满足舰船技术保障使命任务要求所需的能力,进而推导出对舰船技术保障装备结构、数量与规模等的需求。其本质是将抽象的舰船技术保障使命,转变成具体的舰船技术保障装备体系能力需求,并通过能力与任务、过程、保障装备等要素的关联,将能力需求转换为装备需求的过程。

能力需求分析是基于能力的舰船技术保障装备体系需求分析的核心,舰船技术保障活动需要能力支持,能力通过活动得以体现,活动是实现使命任务目标的具体行为,所以舰船技术保障能力充分体现了装备使用人员的使用需求,而舰船技术保障装备是能力得以实现的物质基础。

因此,基于能力的舰船技术保障装备体系需求分析能够很好地把军方的需求体现到舰船技术保障装备上来,其需求分析过程中的概念模型如图 4.1 所示。

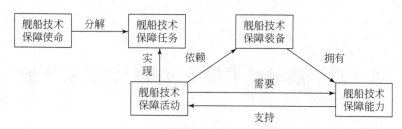

图 4.1　基于能力需求分析概念模型

　　基于能力的任务需求分析则是综合考虑各种可能的任务情形,对需要完成的多项任务进行抽象概括、优化合并,从而得到通用任务清单。基于能力的能力需求分析则是为应对多种威胁,通过综合分析各种可能的装备保障任务情形来分析所需的保障能力,由此得到的能力需求有较好的灵活性、适应性和健壮性。

　　能力在不同语境下具有不同的含义,本章结合舰船技术保障装备体系需求分析,将能力定义为:特定对象(包括舰船技术保障相关的装备、人员或组织)在规定的条件下,使用相关资源要素执行一组任务并达到预定标准,实现使命目标的本领。

　　其中,条件是指影响舰船技术保障任务执行的环境因素,包括自然环境和舰船技术保障活动所需的人工环境;资源要素是指对象所具备的资源,不仅包括舰船技术保障装备、设施等"硬"资源,还有舰船技术保障组织、指挥管理、训练、技术资料等"软"资源;标准是指舰船技术保障任务执行的性能水平,通常由一组度量指标、刻度单位和对应的水平值共同表示;使命目标是关于使命执行过程、效果的总体描述。

　　与功能、效能等概念相比,能力体现了舰船技术保障装备在一定的配置和使用方式下能够发挥出来的效果,更多的是一种可变的效果,因为不同的组合和使用方式会产生不同的效果。因此,用能力作为刻画舰船技术保障装备体系的主要度量指标十分贴切。

　　与武器装备体系模型构建过程相一致,舰船技术保障装备体系能力需求建模是一种自顶向下的分解映射过程,将使命任务转化为舰船技术保障装备体系能力需求,再将能力需求映射通过具体的舰船技术保障活动映射到舰船技术保障装备。

　　为了度量舰船技术保障装备体系能力水平,在此基础上对现有的舰船技术保障装备进行优化,采用从舰船技术保障装备体系到能力的建模和分析过程,是一种自底向上的分析过程。

4.1.1　从需求到舰船技术保障装备体系结构的建模

　　从需求到体系结构的建模过程把体系能力需求与舰船技术保障装备实体之间

的对应关系详细地分解成几部分,其主要内容如下。

1. 体系能力需求

舰船技术保障装备体系能力需求是指为完成既定的保障任务,对舰船技术保障装备体系能力提出的要求,即舰船技术保障装备体系要投入保障应用,至少需要具有哪些体系能力。该能力需求可以是叙述性的语言,也可以是涉及具体参数和指标值的描述。

2. 子能力需求

舰船技术保障装备体系子能力需求是指对于确定的体系能力需求,需要哪些具体的子能力来共同实现该体系能力,对于体系能力需求所涉及的具体参数指标值要求,需要具有哪些参数指标的子能力来共同完成。

具体的体系子能力可以根据实际情况进行定义。

3. 系统功能需求

舰船技术保障装备体系的系统功能是指具有相似性能的实体或具有很强相关性的实体相互组合形成的舰船技术保障装备系统所具有的与保障应用相关的属性。舰船技术保障装备体系的系统功能需求是指为完成保障任务,实现需要的保障能力,对舰船技术保障装备提出的系统功能需求,即至少需要哪些系统功能的组合,才能共同实现所需要的保障能力。对于子能力需求中带有的具体参数指标值,可以对应地分布到各个具体的系统功能需求中去。

4. 实体类型需求

舰船技术保障实体是指组成舰船技术保障装备体系的基本硬件要素,既可以是独立的舰船技术保障装备,也可以是多个或多种装备的组合。舰船技术保障装备实体类型需求是指为了完成保障任务,实现所需的体系能力,需要哪些类型的舰船技术保障装备实体,才能具有相应的实体性能。例如,根据舰船装备技术保障实体的不同,可以将舰船技术保障装备体系分为维修保障类、训练保障类、指挥管理类和器材仓储类。

5. 舰船技术保障装备实体信息

舰船技术保障装备实体信息是指对于各实体类型需求,现有或在研舰船技术保障装备中那些符合要求的舰船技术保障装备实体,对于带有具体性能参数值的实体类型需求,在选择舰船技术保障装备实体时,需要符合性能参数值的要求。这些舰船技术保障装备实体共同构成了舰船技术保障装备体系结构。

上述建模内容涵盖了从体系能力需求逐步构建出舰船技术保障装备体系结构的过程,由此得到从需求到体系结构的建模框架,如图4.2所示。

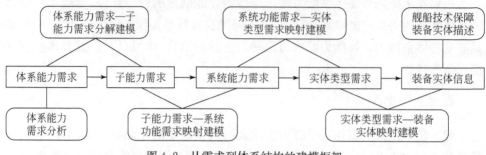

图4.2 从需求到体系结构的建模框架

4.1.2 从舰船技术保障装备体系结构到能力的建模

从需求到体系结构的建模和体系结构的建模都是倾向于以分析为主的定性建模。这种定性建模方式在从体系能力需求逐级分解映射,进而构建出舰船技术保障装备体系结构的过程中,反映的是进行分解映射时"有"或"没有"的对应关系。例如,从子能力需求A到系统功能需求B之间的对应,如果对应关系是"有",就表示该子能力需求A需要系统功能B和其他系统功能来共同实现;如果对应关系是"没有",则表示该子能力需求A的实现不需要依赖系统功能B。这种"有"或"没有"的定性关系,只能反映建模对象之间的联系,不能反映这种联系的程度。

从体系结构到能力的建模过程中,通过对舰船技术保障装备体系结构表现出的体系能力的描述来反映舰船技术保障装备体系结构对体系能力需求的满足程度如何,是一种定量化的建模。其本质属于定量评价问题,是对构建的舰船技术保障装备体系结构表现出来的整体能力对体系能力需求满足程度进行的评价,如图4.3所示。

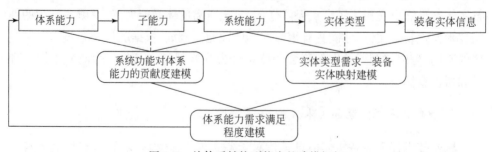

图4.3 从体系结构到能力的建模框架

其主要内容包括以下几个。

1. 各系统功能对体系能力的贡献度

用定量化的方法,分析体系能力需求与系统功能需求之间的对应,求解体系能力与各系统功能之间的定量关系,计算各系统功能对于满足体系能力需求的贡献度。这里的贡献度是指对于实现体系能力或满足体系能力需求,各系统功能分别产生作用的大小,是一个归一化的相对值。

2. 各系统功能需求的满足程度

用定量化的方法,对舰船技术保障装备体系结构表现出的系统功能进行评价,确定舰船技术保障装备体系结构对各系统功能需求的满足程度。

3. 体系能力需求的满足程度

用定量化的方法,将前面两部分的建模结果进行综合,确定所构建的舰船技术保障装备体系结构对体系能力需求的满足程度。据此体系能力需求满足程度的建模,可以对舰船技术保障装备体系结构的构建提供反馈性的指导。

4.2　保障思想对舰船技术保障装备体系的影响分析

舰船技术保障装备体系为舰船技术保障任务服务,但也离不开舰船技术保障思想的影响。保障思想不同,对应的舰船技术保障装备需求也存在极大差别。

1. 保障思想影响舰船装备设计,从而影响舰船技术保障任务及其对应的舰船技术保障装备

20 世纪综合保障工程理念形成以前,舰船装备在研制阶段较少考虑测试性、维修性、保障性等问题,相应的维修思想也停留在定期拆检、大拆大卸的阶段。此时,舰船技术保障装备重点发展用于拆卸、修复、安装等过程。

随着综合保障工程逐步深入,舰船装备对测试性设计也越来越重视,舰船装备通过各种测试设备可以判别所处的状态,为进一步开展舰船技术保障提供了依据。因此,舰船技术保障装备开始投入较大的经费研制各种测试设备,尤其针对舰船上的各种电子设备。

2. 保障思想指导舰船技术保障使命任务重点方向及其相应的舰船技术保障装备重点建设领域

在定期维修思想的指导下,舰船技术保障使命任务重点为定期拆修和修复性

修理,各级舰船技术保障力量都立足于自身力量完成舰船装备的修复。在该阶段,舰船技术保障装备的配备受到投入的限制,没有统一的规范,主要由各舰船技术保障单位自身能力水平决定。

随着海军战略的转变,保障思想也在相应地调整变化,如重视舰船装备状态监测,重视舰员级维修保障能力建设,尤其是立足于远海的维修保障能力建设,相应的状态监测设备、远程维修支援系统、舰员级维修保障装备大量配备,使舰船技术保障能力适应海军使命任务变化。

3. 保障思想影响舰船技术保障力量布局及其相应的舰船技术保障装备发展策略

当前,军民融合发展的战略不断推进,舰船技术保障体系能力建设也充分考虑依托地方企业力量,如部分舰船系统采用研制方全寿命保障,相应的舰船技术保障装备的建设也由相应的企业自行建设。而军方舰船技术保障能力建设更侧重于舰船技术状态监测,舰员级维修立足于换件修理等。相应的舰船技术保障装备发展策略也有较大调整:舰员级多配备各种在线的、便携的设备状态监测装备,各种舰船装备拆装和调试的工具等;中继级力量重点结合舰船系统设备特点,对舰员级开展技能培训,因此舰船技术保障装备配备重点是各舰船系统样机、模拟器等教学训练用装备,开展监测数据诊断分析的分析用装备,以及设置远程支援用的信息系统相关装备。

因此,受保障思想的影响,舰船技术保障使命任务、组织机构对应的动态调整变化,使得舰船技术保障装备体系也在不断更新。由于舰船技术保障装备包含的类型众多,涉及种类繁杂,相对传统的武器装备体系需求建模更为复杂,因此相应的需求分析方法也有较大区别。

(1)区分通用、专用舰船技术保障装备。

(2)既有基于使命任务要求的分析,也要结合舰船技术保障组织、人员数量和水平方面的考量。

(3)既要考虑舰船技术保障装备对舰船装备的覆盖率,又要考虑使命任务要求的满足程度、效率等因素。

(4)既有针对单一舰船装备的专用装备是否配备的选择,又要考虑远程维修保障支援系统等大型信息化技术保障支援系统的体系构建。

整个舰船技术保障装备体系需求很难用一个通用模型进行全面描述,本章将重点分析基于维修保障的舰船维修保障装备体系需求分析,其中又重点分析通用舰船维修保障装备。

4.3　舰船技术保障通用装备体系需求分析

4.3.1　舰船技术保障装备分类

1. 分类的基本原则

根据是否直接针对舰船装备本身,可以将舰船技术保障装备分为两类:第一类是直接面向舰船系统的舰船技术保障活动的装备,形成型号相关舰船技术保障装备体系;其他舰船技术保障装备归属第二类,包括舰船技术保障指挥通信、舰船技术保障器材存储、舰船技术保障人员训练等活动中需要的装备,形成舰船技术保障装备基础体系。

第一类舰船技术保障装备构成仍然非常多,需求分析还需要进一步细化。具体可以从舰船型号、舰船系统、舰船技术保障装备类型三个维度进行分解,如图 4.4所示。

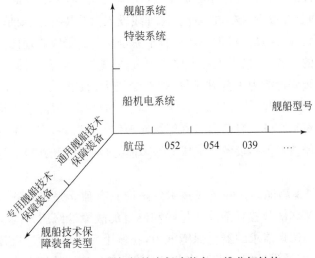

图 4.4　第一类舰船技术保障装备三维分解结构

分析各个维度之间的组合以及对应的舰船技术保障装备需求。分别针对两类装备,根据舰船技术保障装备体系模型,从舰船技术保障使命任务、活动、过程、组织等角度,提出顶层的需求。

针对舰船技术保障通用装备,研究基于能力的需求分析方法。其需求分析过程中的概念模型如图 4.5 所示。

分析过程以舰船技术保障使命和舰船技术保障通用装备现状为输入条件,以

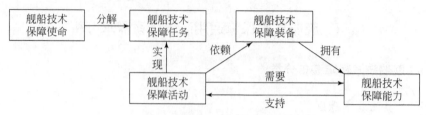

图 4.5　基于能力需求分析概念模型

舰船技术保障通用装备需求方案为输出结果。

2. 第一类构成及特点

舰船技术保障工作采用多样化分类保障模式,主要包括全寿命合同保障、军地联合保障和军内自主保障三种形式。其中,全寿命合同保障系统设备由合同商负责舰船技术保障装备的建设,军地联合保障按照形式的不同,有可能利用建制企业的设备;而军内自主保障的舰船技术保障设备完全属于军方建设的范畴。

各种保障模式的选择也不是一成不变的。对于军队不具备高等级修理能力和基础条件,且列装数量少、技术含量高、修理线投入大的装备,主要依托装备承制单位,实施全寿命合同保障。对于军队自身不完全具备高等级修理能力,但具备一定保障基础条件的装备,积极引入地方保障力量,实施军地联合保障。对于军队暂不完全具备高等级修理能力和基础条件,但数量较大、服役时间较长的装备,积极依托装备承制单位,在保障能力形成前,实施军地联合保障;保障能力形成后,实施军内自主保障。对于军队自身已具备高等级修理能力的装备,实施军内自主保障。

第一类舰船技术保障装备所形成的保障能力按照保障的时机又可以划分为如下类型:

(1)舰员级保障能力。舰员级技术保障应具有独立完成装备预防性检修,以及装备一般故障和部分较复杂故障排除和修复的故障检修能力,基本满足舰船装备故障件更换等修理需求的器材保障能力,在舰上完成部分配件和器材加工的零部件加工能力,能够借助舰上远程技术支援终端获取支援的信息化保障能力。

(2)海上机动保障能力。舰船在执行作战任务时远离基地,任务时间长,受空间和编制限制,舰上自主保障能力有限,对海上保障能力要求高。应配属较强的海上机动保障力量,能够及时获得其他专业保障力量支援。海上机动保障应具有能够在海上对较复杂装备故障实施修理的故障检修能力,能够为舰船提供器材补给的器材保障能力,能够在舰上完成较复杂配件与器材的加工和修理的零部件加工能力,能够对舰船实施技术支援的信息化保障能力。

(3)岸海支援保障能力。受舰上和其他专业保障力量条件限制,舰船在航期间,许多装备技术保障工作需要依托岸基力量才能够进行。应大力加强岸海支援保障能力,在舰船基地附近建立配套完整、功能齐全、军民共用的军民融合式保障平台,以便开展临抢修、前出支援和远程技术支援。岸海支援保障应具有能够对船体实施进坞修理能力,对主要装备实施深度修理的故障修理能力,实施大型复杂部件加工和修理的机加工能力,实施前出支援、远程支援和器材补给能力。

（4）等级修理能力。舰船修理不仅需要大型干船坞、修理车间、器材仓库等保障设施条件,还需要大量修理设备和专用工具等保障配套条件,而且修理的组织实施难度大、技术状态控制复杂、安全性要求极高。应大力加强舰船装备等级修理条件建设,使舰船在航保障能力和等级修理能力相互促进,不断提高保障的及时性和有效性。

3. 第二类构成及特点

舰船技术保障是一个众多资源参与完成的过程,相应的资源应用也需要舰船技术保障装备进行保障,具体来说,包含以下三类:

（1）装备物资供应设备。包括舰船技术保障供应(补给)设备、器材供应(补给)设备和其他供应(补给)设备,以及用于装卸搬运的设备、仓库自动化设备、仓库辅助设备等。

（2）指挥管理设备。主要是用于舰船技术保障管理和技术保障指挥的设备以及通信、防卫等辅助设备。包括信息收集、信息传输、信息处理、信息显示、信息存储、信息反馈的设备及配套指挥设备,如计算机设备、通信网络和信息终端等。

（3）技术保障训练设备。主要是指用于舰船技术保障人员业务训练场所的配套设备器材。

通过分类可以发现,直接面向舰船系统的舰船技术保障活动的第一类舰船技术保障装备是重点和难点,本书将主要研究舰船维修保障装备对应的优化匹配过程。

4.3.2　舰船技术保障装备体系能力匹配过程

基于能力需求的舰船技术保障装备体系结构的建模框架包括:从体系结构到能力的建模、从需求到体系结构的建模和体系结构的建模三个相互联系的部分[3]。

从体系结构到能力的建模,是对从需求到体系结构的建模过程的反馈,反映了舰船技术保障装备体系结构表现出的功能与能力对体系能力需求的满足程度。从体系结构到能力描述的主要内容有舰船技术保障装备体系结构实现的系统功能建模、舰船技术保障装备体系结构的系统功能与体系能力需求之间的关系建模、舰船技术保障装备体系结构对体系能力需求的满足程度建模等。从体系结构到能力的建模要反映舰船技术保障装备体系结构对体系能力需求的满足程度,因此需要采用一些定量的方法,对建模的过程进行定量化处理,并将定量处理的结果以适当的形式展现。

分别针对两类装备,根据舰船技术保障装备体系模型,从舰船技术保障使命任务、活动、过程、组织等角度,提出顶层的需求。按照武器装备体系构建过程中从需求到体系结构的建模框架,体系能力需求分解为子能力需求,到舰船技术保障装备系统功能需求,再关联舰船技术保障装备实体类型及实体描述。与此相类似,舰船技术保障体系也从顶层能力分解。但由于舰船技术保障任务之间联系相对松散,且各相关任务与技术保障体制、舰船系统设备等具有紧密关联的特性,舰船技术保障需求的建模也将分为多种模式和类型。

体系能力需求与舰船技术保障装备实体之间的对应关系非常复杂,主要表现如下:

(1) 对于体系能力需求,在不同的应用背景、使用环境、使命任务等条件下,对舰船技术保障装备体系提出的任务与使命要求是不同的,对其提出的体系能力需求也不尽相同,因此体系能力需求具有多样性和不确定性。

(2) 舰船系统设备类型多样,同样的技术保障任务、活动对舰船技术保障装备需求差异显著。例如,舰船上许多电子装备综合程度高、技术复杂,相应的监测诊断设备需要进行定制才能满足需求,因此形成了许多专用的舰船技术保障装备。

(3) 舰船技术保障任务受到运行体制的约束。以舰船维修为例,当前分为舰员级、中继级和基地级,每一层级都有对应的舰船技术保障使命任务,相应的对舰船技术保障装备提出了不同的需求。

(4) 舰船技术保障受人员、技术等影响。随着舰船技术保障水平的提高,采用更加先进、高效的手段完成技术保障任务,那么对应的舰船技术保障装备也将更新换代。而人对装备的影响始终是最关键、最复杂的,人员不同的技术水平对舰船技术保障装备的需求也具有显著区别。为了突出一般性,在建模过程中只考虑基于各个层次对人员的基本需求,如对舰员级、中继级、基地级各个层次人员维修能力的基本需求。

舰船技术保障体系能力衡量指标包括战备完好率、任务成功率和可信度(图 4.6),这些指标落实到具体装备上,表现为舰船技术保障活动的完成时间、舰船技术保障任务完成率等具体可度量指标。

在舰船技术保障任务中,舰船维修保障是舰船技术保障活动中最复杂、最关键的环节,相应的舰船维修保障装备优化配置对舰船技术保障能力提升具有至关重要的作用。因此,本节将重点研究舰船维修保障装备的优化配置问题。

针对舰船维修保障分为基地级、中继级和舰员级三级的特点,分别采用不同的

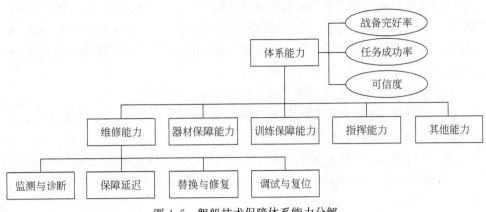

图 4.6　舰船技术保障体系能力分解

方式进行优化模型构建,如图 4.7 所示。

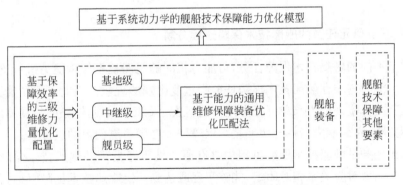

图 4.7　舰船技术保障装备体系模型层次结构

(1) 具体的通用维修保障装备,采用基于能力的优化匹配法。

(2) 对舰船维修保障而言,舰员级、中继级和基地级三级维修力量各有侧重,它们之间的能力水平必须达到一个均衡,才能确保既满足舰船装备维修保障能力要求,又能够最大限度地提高投入产出比,因此应用基于保障效率的方法分析三级维修力量优化配置方案。

(3) 对于整个舰船技术保障系统,还需进一步考虑舰船装备本身、舰船技术保障其他要素等,综合形成对舰船技术保障能力的不断优化,由于相关因素处于不断发展变化中,因此采用系统动力学方法构建整体的舰船技术保障能力优化模型。

4.4　基于舰船技术保障过程分解的需求分析

舰船技术保障过程视图是整个舰船技术保障体系多视图模型的核心视图,重要原因就是通过舰船技术保障过程可以建立舰船技术保障使命任务与其他视图之间的关联。在开展需求分析过程中,将舰船技术保障过程分解为单元任务,可以建立能力—单元任务—舰船技术保障装备之间的匹配关系,为开展后续优化分析提供输入。

基于舰船技术保障过程分解的需求分析需要解决如下问题:

(1) 如何有效地对舰船技术保障过程进行分解,通过单元任务与能力需求之间的匹配关系,实现对能力需求的细化。

(2) 如何通过单元任务实现能力需求与舰船技术保障装备之间的对应关系。

(3) 如何描述当前舰船技术保障能力与舰船技术保障使命任务之间的能力空白。

目前常用子任务、元任务、原任务、单元任务等概念分解任务、过程得到的最小单元[4,5],本节借鉴相关文献的基本方法,并结合舰船技术保障体系特点,研究相应的方法。

4.4.1　基于单元任务的舰船技术保障过程分解

对于不同的舰船技术保障任务,可能有相同的舰船技术保障能力进行支持,这就产生了能力需求在舰船技术保障任务中重复出现的现象。因此,通过"能力—过程关联"分析,实现能力与单元任务之间的匹配。每一个单元任务都与具体的能力需求相关联,它是能力指标与舰船技术保障任务在微观层面上的连接点。

单元任务是舰船技术保障过程中具有原子性事务处理的舰船技术保障任务,特点是与能力对应关系相对固定、能够实现或达到一定舰船技术保障目标,相对独立且互不包含的最小任务单元。对舰船技术保障任务进行分解时,如果某个任务、过程与不止一个能力之间是支撑关系,那么必须对该任务或过程进行再次分解,直至分解到一个单元任务对应着一个能力。

舰船技术保障使命任务分解为舰船技术保障过程,对应的这些过程是在当前的舰船技术保障工作当中约定俗成的,如舰船装备监测、拆卸、修复等过程,这些过程又由更小的单元任务所构成,而单元任务之间通过一定的逻辑关系组合,构成舰船技术保障过程、任务。因此,单元任务之间存在顺序、与、或等逻辑关系。

单元任务与能力需求指标之间存在映射关系,通过构建单元任务序列,可以梳理并筛选出舰船技术保障任务中所需要的能力,从而为能力需求分析打下基础。

为了建立单元任务与能力、其他视图之间的关联,每个单元任务都包含如下要素:

(1) 单元任务节点。它是与舰船技术保障使命密切相关的、能够相对独立的产生、消耗或者处理信息的实体。它可能包含一套舰船技术保障装备,由操作人员与装备共同组成的一个系统或者一个舰船技术保障组织机构。每一个单元任务具备完成某一种舰船技术保障的能力。

（2）单元任务能力。它是指在一定的舰船技术保障任务、能力要求下，执行某单元任务所要达到的效果或完成程度。

（3）单元任务驱动能力。一个单元任务需要在一定的基础上执行，可能需要其他单元任务能力作为支撑。单元任务驱动能力可以是一个或者多个度量指标，指标取值与单元任务执行水平之间存在映射关系。

根据功能作用、发生情境的不同，可以对单元任务进行分类。

1. 基于情境分类

按照情境不同，单元任务可以分为如下三类。

（1）基本单元任务：在不同的舰船技术保障使命任务下，它们有比较固定的衡量尺度、执行标准，不因任务环境与舰船系统设备的变化而变化。基本单元任务能力是舰船技术保障单元任务发生前就可以确定的。

（2）条件单元任务：在不同舰船技术保障使命任务条件下，衡量尺度基本固定，而执行标准随着舰船技术保障环境、使命要求而不断变化。它们是最能体现使命任务需求的一类单元任务。许多舰船维修保障过程中对应的温度、压力、流量等检测指标必须与具体的舰船系统设备关联，才能确定其执行水平，因此它们必须被归为条件单元任务。

（3）随机单元任务：舰船技术保障使命任务既定的条件下，由于任务过程的变化，这类单元任务表现出较大的随机性和不确定性，仍很难确定其衡量尺度与执行标准，因此该类单元任务的需求常常是突发的、模糊的。例如，某些舰船系统设备故障的检测、修复与故障程度、部位等诸多因素密切相关。一旦确定了衡量尺度、执行标准，随机单元任务即转换为条件单元任务。

2. 基于功能分类

按照功能、作用不同，单元任务可以分为如下四类。

（1）持续型单元任务：长时间保持在一种状态的单元任务。

（2）瞬时型单元任务：听令执行，以一定动作或操作促使舰船技术保障达到某种期望状态或达到一定目的的单元任务。

（3）备份型单元任务：为保证某些关键功能的可靠性以及确保舰船技术保障活动能够准确无误地完成，在原有处理手段和方式的基础上，增加了某些特殊情况下有可替代处理手段和方式的单元任务。

（4）特殊型单元任务：在特殊条件下才能出现的舰船技术保障单元任务。例如,在缺乏备件、故障诊断措施情况下特殊的维修任务。

　　根据历史经验数据和专家经验知识,构建舰船技术保障的任务清单、能力清单和专家知识库;将舰船技术保障任务分解为活动,活动再分为解为元活动,进而得到舰船技术保障使命任务的元活动库。

4.4.2　基于单元任务分解的能力需求映射

　　使命任务有功能分解、目标分解、行动分解等多种手段和方法,在单元任务概念的基础上,结合功能分解思想,本节对使命任务进行逐级分解,将舰船技术保障使命任务分解为过程、子过程,最终分解为能与能力指标直接映射的单元任务,实现对舰船技术保障装备能力需求指标的匹配。也就是说,能力结构与使命任务分解结构之间一一对应:顶层的舰船技术保障能力对应舰船技术保障使命任务层,子能力对应舰船技术保障过程层,能力指标对应单元任务层。

　　一个舰船技术保障使命由一个或者多个舰船技术保障使命目标组成,每一个使命目标由一个或者多个舰船技术保障任务、过程支持。舰船技术保障任务、过程是使命的细化,具有较强的针对性。舰船技术保障任务、过程可能对应多个不同的舰船技术保障组织、舰船技术保障装备及相关的资源。

　　采用层次分解的方法可实现对使命任务的分解,而分解粒度大小是由分解目标决定的。本书希望通过分解的方法获得舰船技术保障单元任务与能力指标之间的映射关系,从而为形成舰船技术保障装备体系需求打下基础。因此,本节结合单元任务概念,提出使命任务分解的基本原则。

　　能力分解原则:能力为舰船技术保障装备体系固有的静态属性,将顶层能力与使命任务相对应,相应地对能力、使命任务逐层分解,当某舰船技术保障任务、过程的实现只对应一个能力指标时,该舰船技术保障任务、过程为使命任务分解的最终结果——单元任务。因此,单元任务具有如下基本特征:

　　(1)如果某舰船技术保障任务、过程仅与单个能力指标相对应,那么该舰船技术保障任务、过程为单元任务。

　　(2)非单元任务的舰船技术保障任务、过程可同时对应多个能力指标。

　　(3)多个不同的单元任务允许对应单个能力指标。

　　舰船技术保障使命任务包含的种类众多,所服务的舰船系统设备数量庞大,相应的能力指标要求也类型多样,为了便于后续的匹配分析和优化计算,本节假设能力指标均可以量化,这样将单元任务与能力指标匹配映射的过程构建为单元任务—能力关联矩阵。

　　任务分解得到元活动网络模型,它与能力指标之间的映射如图4.8所示。

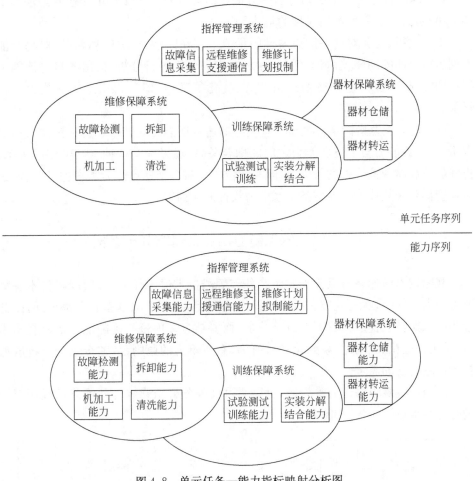

图 4.8　单元任务—能力指标映射分析图

4.4.3　能力需求描述模型

舰船技术保障装备体系能力需求分析的目的是确定未来使命任务对舰船技术保障能力的需求,描述当前舰船技术保障力量与舰船技术保障使命任务之间能力上的差距。能力需求描述模型可以按照如下步骤建立:

(1) 从舰船技术保障使命任务中抽象出初始的总能力需求,并对总能力需求进行层次化分解和优化。层次分解即按前述任务分解、舰船系统设备分解的途径开展。

(2) 通过建立能力—单元任务和单元任务—能力的映射矩阵,进行舰船技术保障能力与舰船技术保障单元任务之间的映射分析,从而完善能力需求分析。

（3）确定各能力对应的指标。一方面要结合舰船技术保障单元任务需求明确能力属性，另一方面要给出属性的具体量值。

不同过程、任务对同一能力属性的量值上存在区别，解决的思路是：对每个能力列出所有匹配的相关过程、任务，然后对它们分别进行分析，得出各自对该能力指标的需求量值，将这些量值进行合并、优化处理后，即可得出最终的能力指标量值。

（4）建立能力指标聚合模型。该模型描述各项能力在整个能力指标体系中的权重，以及该能力与上下层能力之间的耦合关系，通过确定这种"耦合"作用关系，正确反映和体现该能力的价值、贡献和地位等。对多个任务能力需求进行聚合，最后才能得到舰船技术保障装备体系能力指标需求列表。

4.5　舰船技术保障通用装备需求分析案例

舰船技术保障装备服务于舰船装备和舰船技术保障任务，形成舰船技术保障能力。由于舰船装备类型众多，保障任务、保障活动涉及军、地多种保障样式，因此舰船技术保障装备的配置不能过于分散，而要结合军内核心保障能力形成突出重点，采用核心化、通用化、系列化和有所为、有所不为的原则，从整个全局分析舰船技术保障装备的需求。

以当前中继级修理力量为例，可以通过任务分解明确修复性维修过程所对应的修复性维修子任务，如图4.9所示。

图4.9　修复性维修过程

从舰船技术保障装备体系多视图模型各个视图之间相互关系的角度，修复性维修任务的能力描述涉及如下指标。

（1）对舰船装备满足程度：恢复舰船装备战技指标程度。如果是通用舰船技术保障装备，那么还要考虑对舰船系统的覆盖率。

（2）修理时间。

（3）修理人力资源消耗：所占用的人工数量、耗费的工时量等。

（4）修理物资消耗：修理过程中消耗的器材、能量、原材料等。

（5）修理复杂程度。

（6）修理技能要求：修理任务对人的技能水平要求。

随着维修过程分解,相应的单元任务同样也存在类似的能力需求。

按照第 3 章的多视图描述,舰船技术保障装备需求主要通过技术保障任务视图的分解获得。舰船技术保障装备是为了实现舰船技术保障活动,其隶属于舰船技术保障单位,同时满足技术标准的相关要求。舰船技术保障活动包含于舰船技术保障过程,能够实现舰船技术保障功能需求。与此同时,舰船技术保障功能需求需要由技术标准、规范来保障实施。如图 4.10 所示。

使命任务分解为单元任务,舰船系统分解为设备、部件甚至元器件。这些单元任务与舰船的设备、部件之间相互关联,形成了对舰船技术保障单元任务的能力需求。

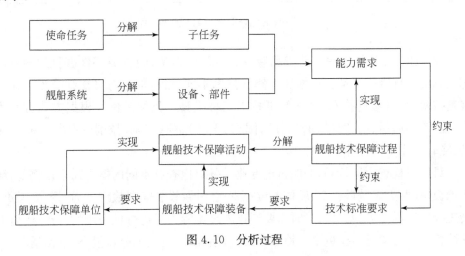

图 4.10　分析过程

根据其自身特点,舰船系统一般可以分为航保装备专业、电子装备专业、武备装备专业和船机电专业。相应的舰船技术保障通用维修装备需求也必须结合装备特点划分为不同的专业。如图 4.11 所示。

以船机电专业为例,各型舰船开展修复性维修包含以下子任务:

(1) 检查。通过查验将产品物理的、机械的和(或)电子的特性与已建立的标准相比较以确定适用性或探查初期失效。根据现有的技术标准、工艺手段,将检查方式细分为直观检查法、噪声和振动测量法、磨损残余物测定法(油液分析法)、整机性能测定法、机件性能测定法和其他方法。其中,直观检查法还可继续细分为光学观察法、频闪仪法、着色渗透法、温度测量法等。

(2) 清洗。在一定介质环境中,在清洗力的作用下,去除物体表面上的污垢,恢复物体表面本来面貌,包括物理清洗和化学清洗两种类型。其中,物理清洗又可以分为热能清洗、流动液体清洗、压力清洗、摩擦与研磨清洗、超声波清洗、电解清洗和其他物理清洗;化学清洗可采用溶剂、表面活性剂和化学清洗剂等。

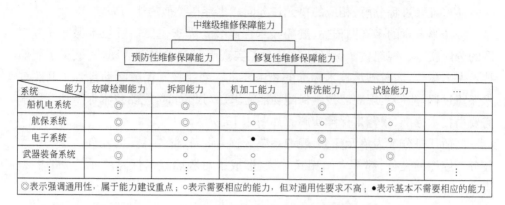

图 4.11　舰船系统修复性维修保障能力需求

（3）加工与修复。用来使成品装备、总成、分总成、组件或部件恢复到随时可用状态的一种维修活动。根据加工修复技术不同，可将加工与修复细分为机加工修复技术、焊修修复技术、综合修复技术三种类型。机加工修复根据方式可分为车、镗、铣、刨、插、钻、磨（珩磨、研磨、圆磨、平磨）、削（铰削、拉削、刮削）、冲压、压铸、冷轧和钳工修补等。

具体以检查为例，不同的船机电专业设备对检查有不同的能力需求。例如，船体钢板厚度、焊缝质量检查，船体电位检查；各种泵设备需要检测压力、振动、噪声、转速、流量、温度等，发生故障时需要通过内窥镜等手段进行进一步的分析；舰艇上柴油机系统可能还需要更多的检查项目，包括油水液位、水分含量、动平衡情况等。如表 4.1 所示。

由上述单元任务可以给出对应的单元任务能力需求。例如，船机电系统检查能力分解，包括压力检查能力、温度检查能力等。温度检查能力对应的指标要求包括温度量程、测量时间、便携性等。

表 4.1　单元任务—设备分解对应关系

设备	检查单元任务											
	压力	温度	振动	转速	绝缘	流量	噪声	液位	电压	厚度	内窥镜	…
船体					◎					◎		
液压泵	◎		◎			◎	◎				○	
主机	◎	◎	◎	◎			◎	◎			○	
舵机	◎		◎	◎								
消防系统	◎					◎		◎				

续表

设备	检查单元任务											
	压力	温度	振动	转速	绝缘	流量	噪声	液位	电压	厚度	内窥镜	…
发电机	◎	◎			◎		◎		◎		○	
⋮												

注:◎表示基本单元任务;○表示条件单元任务,在特定条件下才出现。

参 考 文 献

[1] 程贲,谭跃进,黄魏,等. 基于能力需求视角的武器装备体系评估[J]. 系统工程与电子技术, 2011,33(2):320—323.

[2] 于洪敏,于同刚,孙志明,等. 基于能力的武器装备体系需求生成框架研究[J]. 军械工程学院学报,2010,22(2):1—4.

[3] 赵青松,杨克巍,陈英武,等. 体系工程与体系结构建模方法与技术[M]. 北京:国防工业出版社,2013.

[4] 豆亚杰. 面向元活动分解的武器装备体系能力需求指标方案生成方法研究[D]. 长沙:国防科学技术大学,2011.

[5] 舒宇. 基于能力需求的武器装备体系结构建模方法与应用研究[D]. 长沙:国防科学技术大学,2009.

第 5 章　舰船技术保障任务的 CPN 仿真模型

5.1　IDEF3 过程建模方法

IDEF 是基于由 Douglas T. Ross 和 SofTech 公司开发的结构化分析设计技术 (structured analysis and design technique,SADT)发展起来的,是一种结构化的建模方法,采用自顶向下、逐层分解的方法建立复杂任务过程的模型。IDEF3 利用两个基本组织结构——场景描述(以过程为中心)和对象(以对象为中心)来获取对过程的描述。场景描述主要是把过程描述的前后关系确定下来,经识别、特征抽取,以动词、动名词或动词短语为场景命名;对象是指任何物理的或概念的事物,这些事物是领域中参与者认识的,是发生在该领域中的过程描述的一部分[1]。

以过程为中心的视图——过程流图通过使用过程流网(process flow network, PFN)作为获取、管理和显示以过程为中心的知识的主要工具,其显示手段就是过程流图(PFG/DAG)。这些图包含了专家和分析员对事件与行动、参与这些事件的对象以及这些事件行为的约束关系等知识。

以对象为中心的视图——对象状态转移网图通过使用对象状态转移网(object state transition network diagram,OSTN)作为获取、管理和显示以对象为中心的知识的基本工具,OSTN 的显示就称为 OSTN 图。它用来表示一个对象在多种状态间的演进过程。

1. IDEF3 分析过程

基于 IDEF3 的开发过程是一种开发人员通过知识获取来有效反映过程信息的过程。对于一个比较复杂的过程流图,其开发过程具有反复迭代性[2],大体上主要包括以下步骤:

（1）明确过程流发生的背景。开发人员要尽早确定描述维修任务的目的和内容,包括维修任务总的目标、所要满足的需求、需要解决的问题等。

（2）建立最高层的过程流图。根据维修任务之间的约束,确定行为单元和各行为单元间的逻辑关系,建立初始的粒度最粗的过程流图。

（3）对维修任务分层细化。如果行为单元代表的维修任务是高度抽象,就需要对它在更低抽象层次上进行分解细化,分解细化结果的表现形式又是一个过程流图。不同的人所处的视角不同,分解细化的结果也不唯一。

(4) 过程检验。检查模型是否符合 IDEF3 的语法和规则,验证模型是否存在结构上的问题,并邀请领域专家对其进行修改、评审。

2. IDEF3 基本语法和语义

为满足维修任务描述需求及对模型的检验,本节对过程流图中各个原有元素进行一些扩展和修改;为编程方便,添加了开始节点、结束节点两个图元。下面对各元素进行一一说明。

IDEF3 过程流描述语言的基本语法元素有:行为单元、交汇点、联结以及开始节点和结束节点。

1) 行为单元

行为单元用以描述一个组织或一个复杂系统中"事情进行得怎样"。行为单元用具有唯一标签的框图来表示,左下角是节点编号,右下角是用于映射 IDEF0 中元素的 IDEF 参考编号,如图 5.1 所示。

行为单元标签	
节点号 #	IDEF 参考编号 #

图 5.1 行为单元

细化说明主要包括文档标识(包含其所要描述的行为单元的名称、编号,具有唯一性)和描述。同时针对维修任务的特点和任务仿真运行的需要,对行为单元的细化说明文档进行一定的扩展,主要内容是维修任务形式化模型中的各种属性,包括行为单元的关键度、后置节点集合、时间分布(持续时间分布类型和参数的设置)、维修能力需求。如图 5.2 所示。

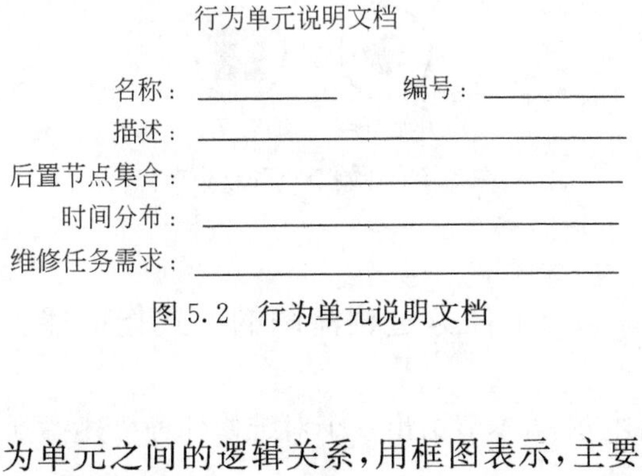

行为单元说明文档

名称:_____ 编号:_____

描述:_____

后置节点集合:_____

时间分布:_____

维修任务需求:_____

图 5.2 行为单元说明文档

2) 交汇点

交汇点表达行为单元之间的逻辑关系,用框图表示,主要分为"与"交汇点、"或"交汇点、"异或"交汇点、"同步或"交汇点和"同步与"交汇点。由于"或"关系可以用"与"和"异或"的组合来替代,因此本节从简化模型元素角度考虑,不使用"或"交汇点。"同步与"的情况比较罕见,本节也不作考虑。此外,本节对交汇点进行了扩展,添加了全局唯一的编号 JID,如图 5.3 所示。

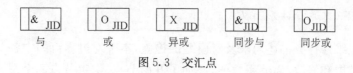

图 5.3　交汇点

3) 联结

联结是把 IDEF3 的一些框图(包括行为单元、交汇点)组合在一起的黏结剂,它可以进一步阐明一些约束条件和各成分之间的关系。联结关系的类型可以有时间的、逻辑的、因果的、自然的和传统的等。联结的种类如图 5.4 所示,其中以先后顺序联结最为常用,表示行为单元之间在时间上的顺序关系。关系联结用虚线表示,它没有预先定义的语义,表示两个或多个行为单元之间存在着某种密切的关联,在这里出现的联结均为先后顺序联结。

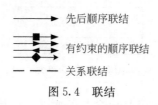

图 5.4　联结

4) 开始节点和结束节点

为了便于对过程流图的检查,添加了开始节点和结束节点。它们通过表示先后顺序的联结分别直接与行为单元相连,但它们不代表具体的行动,只起到表示逻辑上的开始和结束的作用,如图 5.5 所示。

图 5.5　开始节点和结束节点

5.2　任务过程流图的形式化描述

根据前面的描述方法,本节给出一个对维修任务描述得到的过程流图的形式化定义。

定义 5.1[过程流图(PFG)]　过程流图 PFG 是一个五元组,PFG $=\langle S,U,J,$ $L,F\rangle$,其中:

(1) S 表示过程流图 PFG 的开始节点 Source 和结束节点 Sink,可表示为 $S=$ {Source,Sink} 。

(2) U 表示过程流图 PFG 中所有的行为单元 u 组成的集合,可表示为 $U=$ ${u_1,u_2,\cdots,u_m}$,行为单元子集之间的交集为空。开始节点和结束节点属于特殊的行为单元,并不承担实际的任务,用于协助完成活动之间同步关系的建模。

(3) J 表示过程流图 PFG 中所有的交汇点 j 组成的集合,可表示为 $J={j_1,$ $j_2,\cdots,j_x}$, $J\subseteq U\times U$ 。

(4) L 表示过程流图 PFG 中所有的联结 l 组成的集合,可表示为 $L\subseteq$ (Source $\times$ $U)\bigcup(U\times$ Sink$)\bigcup(U\times U)\bigcup(U\times J)\bigcup(J\times J)\bigcup(J\times U)$ 。

(5) F 表示过程流图的父元素,即从哪个行为单元细化分解得到的,可表示为 $F\in$ {null,U_i}。当 F 取 null 时表示该过程流图是最顶层的,否则表示该过程流图是从行为单元 U_i 细化分解得到的。

为了支持下面对过程流图进行结构的逻辑验证,需要将过程流图视为一个有向无环图。这个有向无环图不用考虑对行为单元进行细化分解的情况,也不需要描述各图元细化说明中的全部属性,甚至忽视某些图元间的差别。它是从一个比较高的抽象层次对过程流图的描述。下面从图论的角度对过程流图进行定义。

定义 5.2[过程流图(DAG)]　定义描述所得到的过程流图是一个简单的有向无环图,DAG $=\langle N,F\rangle$,其中:

(1) N 表示一个有限的节点集合。

(2) F 表示一个有限的控制流集合,集合中的每个元素代表两个节点之间的一条有向弧。

(3) 对任意的 $f\in F$,有 $f=\langle$head,tail$\rangle$,其中,head[f] 代表弧 f 的起始节点,tail[f] 代表弧 f 的终止节点。

对任意的 $n\in N$,有 $n=\langle$type,dout,din,Outflow,Inflow,Outnode,Innode$\rangle$,其中:

(1) type[n] 代表节点 n 的类型,包括开始节点、结束节点、行为单元、"异或"交汇点和"与"交汇点,即 type[n] $\in$ {Source,Sink,UOB,XORJ,ANDJ} 。

(2) dout[n] 代表节点 n 的出度,即从节点 n 流出的弧的数量。

(3) din[n] 代表节点 n 的入度,即流入节点 n 的弧的数量。

(4) Outflow[n]$={f\mid f\in F$ and head[f]$=n}$,表示从节点 n 流出的所有弧组成的集合。

(5) Inflow[n]$={f\mid f\in F$ and tail[f]$=n}$,表示流入节点 n 的所有弧组成的

集合。

（6）Outnode$[n]$＝$\{m \mid m \in N,$ and if $f \in F$ and head$[f]$＝$n,$ then tail$[f]$＝$m\}$，表示节点 n 的所有紧后节点（通过一条从节点 n 出发的弧相连的节点）。

（7）Innode$[n]$＝$\{m \mid m \in N,$ and if $f \in F$ and tail$[f]$＝$n,$ then head$[f]$＝$m\}$，表示节点 n 的所有紧前节点（通过一条弧连到节点 n 的节点）。

5.3　基于 IDEF3 的维修任务模型的验证

过程流定义中出现的错误可分为语法错误、结构错误和语义错误。相应地有语法验证、结构验证和语义验证。

与程序设计语言编写的程序类似，因为存在着入口、出口、选择分支、并发分支等同步关系，所以定义的过程同样可能会出现结构上的缺陷，如死循环、不可到达的节点等。检验结构合理性是非常重要的[3]。

维修任务模型结构的正确性可以通过证明的手段得以验证，而语义正确性则需要研究过程流图的语义，或者仿真维修任务的执行，通过各种执行情况来检查模拟结果与实际目标的差距。因此，本节中把对维修任务模型验证的重点放在对过程流图结构正确性的判断上。

1. 结构合理性

结构合理性的验证是要保证过程流能够从开始节点顺利地执行到结束节点，其中的每一个任务都有可能被执行。结合工作流、软件过程对结构合理性的定义，本节给出基于 IDEF3 模型的维修过程结构合理性定义。

定义 5.3（结构合理性）　过程定义是合理的，当且仅当满足以下条件：

（1）满足过程流图 PFG 定义中的条件，并且必须存在且只存在一个开始节点和一个结束节点。

（2）任何一个行为单元都是可达的。一个行为单元可达的含义是指一定存在一条从开始节点到该行为单元的执行序列，最后能够执行到这个行为单元。

（3）任何一个行为单元都是可结束的。一个行为单元可结束的含义是指从这个行为单元开始执行，存在一个行为单元执行序列，最后一定能够到达结束节点。

（4）任何一个行为单元的输入如果是扇入"异或"交汇点，那么其前驱行为单元中同时只能有一个被触发执行。

其中，第一个条件和第二个条件属于模型的基础语法；第三个条件是为了避免存在死锁的情况；而第四个条件是为了避免同步丢失。

2. 基础语法检查

基础语法检查用来确保所建立的过程流图与所定义的建模语言或方法的语法要求一致。结合 5.2 节中对基本语法语义和过程流图形式化的定义,给出过程流图必须满足的基础语法要求如下:

(1) 一个过程流图有且仅有一个开始节点。用形式化的定义描述为 $\exists n \in N$,$\mathrm{din}[n]=0$;$\neg \exists m \in N,\mathrm{din}[m]=0$ 且 $m \neq n$。

(2) 一个过程流图有且仅有一个结束节点。用形式化的定义描述为 $\exists n \in N$,$\mathrm{dout}[n]=0$;$\neg \exists m \in N,\mathrm{dout}[m]=0$ 且 $m \neq n$。

(3) 表示"异或"关系的交汇点不用于顺序结构中,即"异或"交汇点不能只有一个输入和一个输出。用形式化的定义描述为 $\neg \exists n \in N,\mathrm{din}[n]=1$ 且 $\mathrm{dout}[n]=1$。

(4) 过程流图中不存在孤立的节点。用形式化的定义描述为 $\neg \exists n \in N$,$\mathrm{din}[n]=0$ 且 $\mathrm{dout}[n]=0$。

(5) 过程流图中所有弧的两端都是不同的节点,即不存在一端悬空的弧,或从自己出发又回到自己的弧。用形式化的定义描述为 $\forall n \in N$,$\neg \exists f \in F$,$\mathrm{head}[f]=\mathrm{tail}[f]=n$,或 $\mathrm{head}[f]=\mathrm{null}$,或 $\mathrm{tail}[f]=\mathrm{null}$。

(6) 过程流图中不存在循环。循环的引入将大大增加维修资源和任务优化匹配的难度。

本节在模型验证算法中将考虑以上六个要求。

3. 结构冲突检查

IDEF3 功能上的强大体现在一个过程中能包括多个并行或选择的分岔结构。这种多样化的组合方式就可能带来结构上的冲突。一个无结构冲突的维修任务模型将使得一个维修任务在无错误发生时可以正常执行到结束,而结构冲突则可能造成某些工作流实例无法正确执行。这种过程模型中的结构冲突分为两类:结构死锁和同步丢失。

定义 5.4(结构死锁)　扇出"异或"交汇点的某些扇出支路(两个或者两个以上)若在扇入"与"交汇点处汇合,则会产生结构死锁。这种情况使得扇入"与"不能触发,过程不能继续执行。此时过程流图存在被阻塞在扇入"与"交汇点处的实例子图,该实例子图不能执行至结束节点。

定义 5.5(同步丢失)　扇出"与"交汇点的某些扇出支路(两个或者两个以上)若到达结束节点之前没有被扇入"与"交汇点处汇合,则会产生同步丢失。这种情况使得一个实例子图多次触发结束节点,造成有些活动无意义地多次执行。

本节所使用的描述方法中图元的数量要比标准的 IDEF3 少。在这种情况下，死锁都发生在扇入"与"交汇点，该点的多个输入弧不能全部触发，就造成死锁。同步丢失都发生在扇入"异或"交汇点，该点的多个输入弧在不同的时间先后被触发，导致后继的本应只执行一次的行为单元被重复执行多次。死锁和同步丢失的例子如图 5.6 和图 5.7 所示。

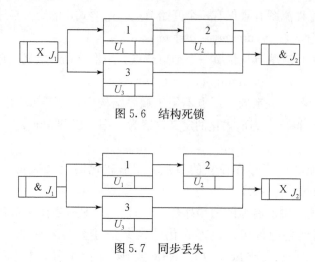

图 5.6　结构死锁

图 5.7　同步丢失

显然，模型的这两种在结构上与实际期望的不一致是结构使用上的错误造成的。由于一个过程流图可能包括数目比较多的图元，相冲突的图元在图中距离比较远，这就难以通过人为的观察来发现冲突。基于图化简方法的模型验证依据三条规则来化简过程模型。如果一个过程流图是正确的，那么反复使用这些归约规则可以将该过程流图归约为空。否则，最后剩下的就是存在冲突的部分。这种方法可以发现图中的某些冲突，但对于某些特殊的出现概率较小的结构却无法化简。

为了能够按照图理论对 IDEF3 模型进行化简，首先做出两个说明：

（1）在模型化简过程中，把开始节点、结束节点、行为单元和"与"交汇点视为相同类型的节点，即将图中节点的类型简化为"异或"和非"异或"两种。

（2）在模型化简过程中，删除当前节点还包括删除当前节点对应的所有弧。

下面根据本节定义的图元的特点，给出化简的规则。

规则 5.1　若与当前节点相关的弧的数量小于或等于 1，则删去当前节点。

规则 5.2　若当前节点构成一个顺序结构，即只有一个输入弧和一个输出弧，那么将进入当前节点的弧的 tail 设为当前节点输出弧指向的节点，然后将当前节点删除，如图 5.8 所示。

规则 5.3　若当前节点是扇出型节点，且当前节点与其紧前节点的类型相同，那么就将当前节点输出弧的 head 设为紧前节点，并将当前节点删除，如图 5.9

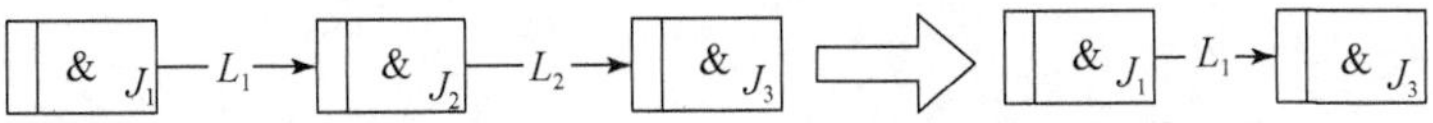

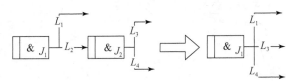

图 5.8　规则 5.2 化简示例

所示。

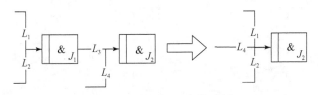

图 5.9　规则 5.3 化简示例

规则 5.4　若当前节点是扇入型节点，且当前节点与其紧后节点的类型相同，那么就将其当前节点输入弧的 tail 设为紧后节点，并删除当前节点，如图 5.10 所示。

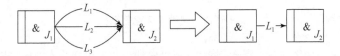

图 5.10　规则 5.4 化简示例

规则 5.5　两个同类节点之间存在多条弧，删除到只留一条，如图 5.11 所示。

图 5.11　规则 5.5 化简示例

规则 5.1～规则 5.4 的应用一般都会导致两个同类型的节点间出现多条弧的情况。这种结构被称为闭合(closed)结构。对闭合结构的化简采用规则 5.5。

规则 5.6　第一层的节点是一个扇出型"异或"节点(分支节点)，其所有的后继节点都是扇出型"与"节点，且都有一条弧到达同一个扇入型"异或"节点，化简规则如图 5.12 所示，增加一个扇出型"与"节点 J_6，直接连接扇入型"异或"节点 J_5，并且与节点 J_5 连接的 J_2、J_3、J_4 与 J_5 断开连接，并且由 J_6 与原入口相连。

规则 5.7　扇出型"与"节点的所有后继节点是扇入型"异或"节点，且这些节点都只有一个共同的扇入型"与"节点作为后继节点，化简规则如图 5.13 所示，与

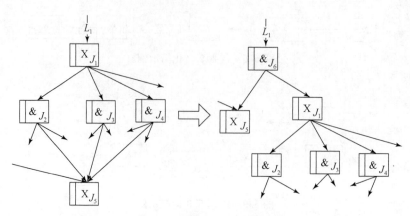

图 5.12　规则 5.6 化简示例

规则 5.6 类似,需要增加一个扇入型"异或"节点 J_6,扇出型"与"节点 J_1 和扇入型"与"节点 J_5 直接连接到 J_6,取消从 J_1 到中间层节点 J_2、J_3、J_4 之间的连接。

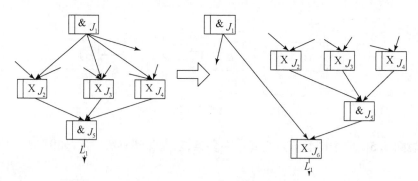

图 5.13　规则 5.7 化简示例

规则 5.8　如图 5.14 所示,将扇入型"异或"节点和扇出型"与"节点直接相连的子图进行转换。

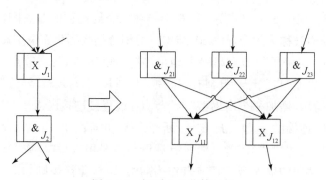

图 5.14　规则 5.8 化简示例

按照上述的描述,可以通过数据表的形式描述过程视图中的相关内容,如表 5.1 和表 5.2 所示。

表 5.1　舰船技术保障活动表

编号	名称	描述
090001	清洗	在一定介质环境中,在清洗力的作用下,去除物体表面上的污垢,恢复物体表面本来面貌
⋮	⋮	⋮

表 5.2　活动关系表

编号	名称	描述	备注
100001	顺序关系		
100002	并行关系		
100003	同步关系		

不同的舰船系统设备对应的活动所采用的技术、设备不尽相同,因此需要通过视图之间的关联表进一步描述。

5.4　Petri 网建模维修任务的适用性分析

5.4.1　Petri 网及 CPN

Petri 网是一种成熟的建模分析手段。现有的一些成熟的分析技术包括可达树、状态方程、不变量技术、出现图的同构分析技术、混合状态分析技术等。Petri 网的分析方法主要有以下三类。

1. 静态分析

静态分析主要是分析系统的结构特性:结构活性、有界性、守恒性、连续性、S-不变量、T-不变量等。通过分析 Petri 网的拓扑性质可以得到系统的结构特性,并由此改进系统的设计。

2. 动态分析

分析系统的动态性质,如可达性、活性等。给定 Petri 网的初始标识,可以得到它的出现图。Petri 网的出现图含有分析系统非常有用的信息,如它含有状态的可达信息、触发序列、系统中功能部分的并行程度等。它可以模拟系统的运行,CPN

Tools 可以很好地支持这一功能,适合 BPEL 模型的模拟运行。

3. 性能评估

可靠性是系统的基本条件,它的效率也是实际应用中必须考虑的重要问题。Petri 网能够有效地分析系统的延迟时间,这也是该模型的优越性所在。

自德国数学家 Carl Adam Petri 博士于 20 世纪 60 年代提出 Petri 网的概念和基本理论以来,Petri 网借助其强大的图形表达能力和严密的数学分析理论在自动控制、计算机应用、软件工程等领域得到了广泛应用,其理论和相关的计算机工具都日臻成熟。

Petri 网是描述和分析具有分布、并发、异步特征的系统的有效模型工具。它综合了数据流、控制流和状态转移,能很自然地描述并发、同步、资源争用等特性,并集规范表示与执行于同一模型。下面介绍 Petri 网的一些基本概念,以下网系统和 Petri 网定义引自文献[4]。

定义 5.6(网系统)　六元组 $\Sigma = (P, T; F, K, W, M_0)$ 构成一个网系统的充要条件是:

(1) $N = (P, T, F)$ 是一个有向网(简称网),称为 Σ 的基网。其满足以下条件:

① $P \cup T \neq \varnothing$ 。

② $P \cap T = \varnothing$ 。

③ $F \subseteq P \times T \cup T \times P$ 。

④ $\mathrm{dom}(F) \cup \mathrm{cod}(F) = P \cup T$ 。

其中,P 是位置(place)的集合,T 是转移(transition)的集合,F 称为流关系。F 是由一个 P 元素和一个 T 元素组成的有序偶的集合。$\mathrm{dom}(F)$ 是 F 所含有序偶的第一元素的集合,$\mathrm{cod}(F)$ 则是第二个元素组成的集合,即

$$\mathrm{dom}(F) = \{x \mid \exists y : (x, y) \in F\}, \quad \mathrm{cod}(F) = \{x \mid \exists y : (y, x) \in F\}$$

(2) K、W、M_0 依次是 N 上的容量函数、权函数和标识,M_0 称为 Σ 的初始标识。其中:

① K 为从 P 到 $Z^+ \cup \{\infty\}$ 的映射,$K : P \rightarrow Z^+ \cup \{\infty\}$,其中 $Z^+ = \{1, 2, 3, \cdots\}$ 。

② 若 K 是 N 上的容量函数,则 $M : P \rightarrow Z^0$ 称为 N 的一个标识的必要条件是:对于 $\forall p \in P$,都有 $M(p) \leqslant K(p)$,其中 $Z^0 = \{0\} \cup Z^+$ 。

③ 映射 $W : F \rightarrow Z^+$ 称为 N 的权函数,W 在弧 (x, y) 上的值用 $W(x, y)$ 表示。

定义 5.7(Petri 网)　若六元组 $\Sigma = (P, T; F, K, W, M_0)$ 中 K 的值恒为无穷,且 W 的值均为 1,则该类网系统称为 Petri 网,可用四元组 $P/T = (P, T, F, M_0)$ 表示。

容量表示每个位置存储资源的最大数量,标识 $M(p)$ 表示位置 p 中的实际资

源数,其中每个资源称为令牌(Token)。每个位置中的令牌数表示了该位置的状态,所有位置的状态综合起来反映了系统的状态。

对于传统的 Petri 网,随着系统中节点、规模的增加,模型也将变得庞大,建模和对模型的特性分析变得非常困难。针对不同的应用领域和传统 Petri 网的缺点,研究人员对 Petri 网进行了一系列改进,提出了面向对象 Petri 网(object-oriented Petri Net, OOPN)、层次 Petri 网(hierarchical Petri Net, HPN)、时间 Petri 网(time Petri Net, TPN)、随机 Petri 网(stochastic Petri Net, SPN)和着色 Petri 网(colored Petri Net, CPN)等一系列 Petri 网模型。其中,以 Jensen 等[5]提出的 CPN 模型应用最为广泛。

定义 CPN 需要多重集的概念,因为同类个体可能不止一个,由它们组成的已不是集合,而是多重集。

定义 5.8(多重集)　设 S 为非空集合,N_0 是非负整数集,则从 S 到 N_0 的函数称为 S 上的多重集。

通常用 S_{MS} 来表示集合 S 上所有的优先多重集所组成的集合。设 $m \in S_{MS}$ 为 S 上任一多重集,由定义对任何 $s \in S$,$m(s) \in N_0$,m 的值可以用如下关系式表示:

$$m = \sum_{s \in S} m(s) \cdot s$$

定义 5.9(着色 Petri 网[6])　一个着色 Petri 网是一个九元组,CPN = (Σ, P, T, A, N, C, G, E, I),其中,

(1) Σ 是一个非空类型的有限集合,也可称为颜色集。

(2) P 是位置的有限集合。

(3) T 是变迁的有限集合。

(4) A 是弧的有限集合,并且满足

$$P \cap T = P \cap A = T \cap A = \varnothing$$

(5) N 是一个节点函数,$N: A \rightarrow P \times T \cup T \times P$,节点函数将每一条弧映射到一个二元组。

(6) C 是一个颜色函数,$C: P \rightarrow \Sigma$,颜色函数将每个位置映射到某一个类型 $C(p)$。

(7) G 是一个 guard 函数,它将变迁 T 与表达式相关联,并使得

$$\forall t \in T: [\text{Type}(G(t)) = \text{Bool} \wedge \text{Type}(\text{Var}(G(t))) \subseteq \Sigma]$$

(8) E 是一个弧表达式函数,它将弧 A 与表达式相关联,并使得

$$\forall a \in A: [\text{Type}(E(a)) = C(p)_{MS} \wedge \text{Type}(\text{Var}(E(a))) \subseteq \Sigma]$$

p 是 $N(a)$ 中的位置,即每个弧表达式的计算结果为一个与相连位置 p 类型相

同的多重集。

（9）I 是初始化函数。它将位置 P 与一个常量表达式相关联，并使得

$$\forall p \in P: [\mathrm{Type}(I(p)) = C(p)_{\mathrm{MS}}]$$

高效的 Petri 网建模需要把 CPN 分布到多个子网，目的是把 CPN 分成小规模的模块，以便于模型更新和浏览，即层次 CPN。

定义 5.10（层次 CPN[7]）　分层 CPN 是一个满足下列条件的多元组，HCPN = $(S, SN, SA, PN, PT, PA, FS, FT, PP)$：

（1）S 是页的有限集：

① $s \in S$，s 是一个非层次 CPN：$\Sigma_s = (P_s, T_s, F_s, C_s, I_-^s, I_+^s, M_0^s)$。

② 网元素集合互不相交。

（2）$SN \in T$ 是替代节点（substitution nodes）的集合。这里 $T = \{t \mid \exists s \in S: t \in T_s\}$。

（3）SA 是页分配（page assignment）函数。它将 SN 映射到 S，即 $SA: SN \to S$，使得所有页都不会成为自身的子页：

$$\{\forall s_0, s_1, \cdots, s_n \in S^* \mid n \in N^+ \wedge s_0 = s_n \wedge \forall k \in 1, \cdots, n: s_k \in SA(SN_{s_{k-1}})\} = \varnothing$$

（4）$PN \in P$ 是端口节点（port node）的集合。$P = \{p \mid \exists s \in S: p \in P_s\}$。

（5）PT 是端口类型（port type）函数。$PT: PN \to \{\mathrm{in, out, i/o, general}\}$。

（6）PA 是端口分配（port assignment）函数。它将 SN 映射到一个二元关系，使得：

① socket 节点和端口节点相关联

$$\forall t \in SN: PA(t) \subseteq X(t) \times PN_{SA(t)}$$

② socket 节点具有正确的数据类型

$$\forall t \in SN, \forall (p_1, p_2) \in PA(t): [PT(p_2) \neq \mathrm{general} \Rightarrow ST(p_1, t) = PT(p_2)]$$

③ 相关联的节点具有相同的颜色集和等价的初始表达式

$$\forall t \in SN, \forall (p_1, p_2) \in PA(t): [C(p_1) = C(p_2) \wedge I(p_1) = I(p_2)]$$

（7）$FS \subseteq PS$ 是融合集（fusion set）的有限集，并且每个融合集中所有元素都有相同的颜色集合等价的初始表达式：

$$\forall fs \in FS, \forall p_1, p_2 \in fs: [C(p_1) = C(p_2) \wedge I(p_1) = I(p_2)]$$

（8）FT 是融合类型（fusion type）函数。它将融合集映射到 $\{\mathrm{global, page, instance}\}$，使得页和实例类型的 fusion 集合只在某一个页内有效：

$$\forall fs \in FS: [FT(fs) \neq \mathrm{global} \Rightarrow \exists s \in S: fs \subseteq P_s]$$

（9）$PP \in S_{\mathrm{MS}}$ 是主页（prime page）的多重集。

其中，每个页是一个非层次 CPN，它们之间不能有相同的网元素（如位置、变迁或弧）。每个可替代节点都是一个变迁，用变迁代表 Petri 网结构中的某一整块

是层次网中常用的一种方法,利用这种方法使得原有 Petri 网从逻辑上得到简化。父页和子页之间是通过两个页面上有特殊目的的融合集中的位置来实现的,即端口节点。对一个层次 CPN 总可以构造与其等价的非层次 CPN。

CPN 是传统 Petri 网的一种扩展,它通过对网系统中的令牌进行分类或解析,使网系统的基本元素减少,从而达到缩小 Petri 网系统规模的目的,CPN 的层次性保证了被模拟系统的微小变化不会完全改变模型的结构。与基本 Petri 网相比,CPN 在系统建模分析上具有以下明显优势:

① CPN 能同时描述系统的状态和动作,其语义是并发的。

② 模型具有一定的稳定性,模型部件的通用性和可重用性大大提高,原型系统的微小变化不会导致模型大的更改,相似系统的建模仅需要进行简单的调整,这使得对系统的建模变得更加简单。

③ CPN 中提供了层次概念,对系统的建模过程可以采用自顶向下或自底向上的方式来进行,这使得对系统的建模更加标准化和规范化。

5.4.2　适应性分析

Petri 网非常适合维修任务的建模,具体体现在以下方面。

1. 很强的表达能力

Petri 网具有足够丰富的表达能力,可以支持所有维修任务建模的元素,因此复杂装备系统维修过程中的所有流程结构都可以用 Petri 网建模。另外,Petri 网还可以明确表达整个流程的状态,Petri 网是一种图形语言,因此具有直观和容易学习的特点,有利于用户之间的交流,可以准确描述用户环境及改进模型。

2. 图形化表现基础上的形式化语义

基于 Petri 的维修过程建模不仅可以得到图形化的表现形式,而且具有形式化语义。Petri 网(包括 CPN)的所有元素都是经过严格定义的,具有规范的模型语义,因此用 Petri 网建立维修过程模型是明确的,即维修过程包括或分离、或汇集、并分离、并汇集等在内的每一个结构都是明晰的,不存在对一个元素的多种解释。

3. 基于状态而非事件

与其他的过程定义技术相比,在 Petri 网中的实例状态能够清晰地描述。而目前大部分的过程定义技术,无论非形式化方法还是形式化方法,都是基于事件的,在这些技术中任务被明确地描述,但子任务之间的状态是隐含的,必须由流程管理系统的代码来完成过程模型中的控制流,造成系统实现比较复杂,功能不易扩充。基于状态的描述相比较而言,有很多优势。

(1) 能清晰地区分一个任务是处于授权(enabling)状态还是处于执行(execution)状态。虽然一个任务被授权表示有能力执行,但是并不意味着这个任务可以处于执行状态。在模型语义上严格区分这两种状态是十分必要的。Petri网通过含有令牌的库所来触发相应的变迁,通过变迁的运行来表示活动的执行,从而明确地区分了这两种不同的状态。

(2) 通过对状态的明确建模,才有可能实现竞争任务(competitive task)。两个任务是竞争的表示这两个任务被同时授权,但只有其中一个可以被执行。

(3) 基于状态的过程定义可以将不同的状态明确区分,使得基于状态的过程定义在表达能力上具有更大的潜力。

4. 丰富的分析技术

通过对 Petri 网的研究,人们找到了许多基于 Petri 网的分析技术,Petri 网建模的形式化语义和丰富的分析技术为分析工作流模型的各种特性提供了可能。这些分析技术可以用来验证安全性、不变性、合理性和死锁等属性,也可以用来计算各种性能参数如响应时间、等待时间、平均执行时间和资源利用率等,用这些分析技术可以从多方面来评价复杂装备系统的维修过程。

5. 具有良好的抽象特性

一方面,维修过程的控制流可以通过对令牌着色和变迁触发条件等方法加以解决,能够将控制流作为模型的一部分在建模过程中得以实现。这样,维修过程的控制流和程序能够实现分离,程序中不需要对控制流进行处理,有利于维修过程模型结构的改变;另一方面,Petri 网能够通过分层技术实现自顶向下建模,可以实现子系统之间的复用,易于抽象分离子系统,使系统容易获得面向对象的特性。这些都使得基于 Petri 网的维修过程建模具有良好的抽象特性。

6. 动态特性

因为 Petri 网是基于状态的,这就使得过程定义具有更多的柔性特征。对于复杂装备系统的维修过程,具备一定的柔性是必不可少的,例如,能够动态地修改维修任务,添加新的维修资源,对异常情况做出响应等。对 Petri 网而言,只需对网中的令牌与点火做相应的处理,就能够比较容易地实现上述功能。

5.5 仿真模型层次结构及顶层模型

为了对复杂装备系统维修任务进行仿真分析,在构建复杂装备系统的维修任务 CPN 模型时,既需要考虑维修任务之间存在的逻辑关系,同时也要分析维修资源受限带来的影响,包括维修任务的完成时间、维修资源利用率等。

按照面向对象的建模思想,借鉴指挥控制领域相关建模方法,复杂装备系统的维修任务仿真分析 CPN 模型包括四类对象:维修任务、维修人员、维修设备和维修备件。模型总体的层级结构如图 5.15 所示。其中,维修任务模型包括维修任务之间的逻辑关系模型和单个维修任务状态模型,由维修任务逻辑关系模型推动整个模型的运行。由于不同的维修资源具有不同的属性,因此维修资源分为维修人员、维修设备和维修备件三类对象。实际上,维修任务与各类维修资源的匹配需要通过优化算法进行求解,因此本节在构建仿真 CPN 模型的过程中做了相应的简化,仅从维修资源是否可重复利用、是否具有独占性的角度进行分析和研究。

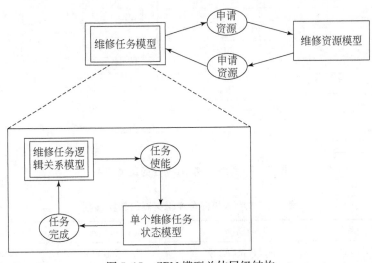

图 5.15　CPN 模型总体层级结构

5.6 舰船技术保障任务模型

为了使模型具备动态维修任务条件下的仿真能力,本节基于面向对象的模型设计思想,提出一种保持模型结构不变的动态维修任务 CPN 建模方法[8]。

首先,对 CPN 模型元素进行适当的扩展,增加模型变量和控制变量。模型变量是一类特殊的 CPN 位置,用于描述维修模型中维修任务与资源之间的配置关系。在 CPN 模型的仿真过程中,模型变量的令牌保持不变。控制变量用以描述模型中的复杂动作。控制变量和位置一样只与变迁连接,控制变量与位置间由读/写关系连接,而位置与变迁间由流关系连接。读/写关系不同于流关系,它不会引起控制变量值在流关系意义下的流动。在动态维修任务下,为了保持 CPN 模型结构不变,提出将维修任务之间的关系转换为 CPN 模型中基于初始标识的描述,即当任务之间的关系发生变化时,只需改变相应控制变量的初始标识就可以对变化后的维修任务进行描述。

　　这里以案例的形式来说明维修任务之间单个逻辑关系到 CPN 模型描述转换的规则。如图 5.16 所示,维修任务 M 由 8 项任务组成,维修任务之间的逻辑关系包括顺序关系、k/n 关系、与关系、或关系、并发关系 5 种。维修任务 M 转换为如图 5.16 所示的 CPN 模型,维修任务之间的逻辑关系采用相应控制变量的初始标识表示。具体的转换规则如表 5.3 所示。

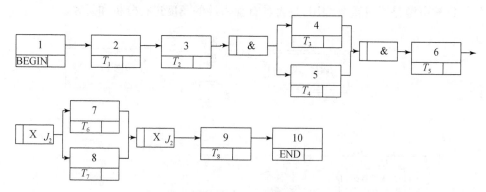

图 5.16　维修任务 M 的任务逻辑关系

表 5.3　5 种维修任务逻辑关系的转换规则

逻辑关系	TaskDriver	ReadyCondition	TaskRelation
$SEQ(T_i, T_j)$	$(T_j, T_i, SEQ, 1)$	$(T_i, SEQ, 1)$	$(T_i, T_i, SEQ, 1)$
$CND(T_i, TASK')$	$(T_j, T_j, CND, 1)$	$(T_j, CND, 1)$	$(T_i, T_j, CND, 1)$
$AND(TASK', T_i)$	(T_i, T_i, AND, m)	(T_i, AND, m)	$(T_j, T_i, AND, 1)$
$OR(TASK', T_i)$	$(T_i, T_i, OR, 1)$	$(T_i, OR, 1)$	$(T_j, T_i, OR, 1)$
$CONC(T_i, TASK')$	$(T_j, T_i, CONC, 1)$	$(T_i, CONC, m)$	$(T_i, T_i, CONC, m)$
$KN(TASK', T_i)$	(T_i, T_i, KN, k)	(T_i, KN, k)	$(T_j, T_i, KN, 1)$

　　如图 5.17 所示,相应的维修任务的 CPN 模型应用 1 个模型变量、3 个控制变量和 2 个变迁描述任务之间的逻辑关系,具体变量和过程包括:

（1）模型变量 AllTask 令牌中包括所有的维修任务及使命结束标识 END。

（2）控制变量 TaskDriver 描述下一维修任务使能所需要的条件。

（3）控制变量 ReadyCondition 令牌按照已经完成的维修任务和它的后继维修任务之间的逻辑关系进行更新。

（4）变迁 NewTask 当有新的维修任务满足使能条件时点火，执行该维修任务。

（5）控制变量 TaskRelation 描述了已经完成的维修任务和它的后继维修任务之间的逻辑关系。

（6）变迁 JudgeRelation 当有任务完成后触发，更新控制变量 ReadyCondition 的令牌。

图 5.17 中，TaskExecute 表示单个任务执行处理分子模型。

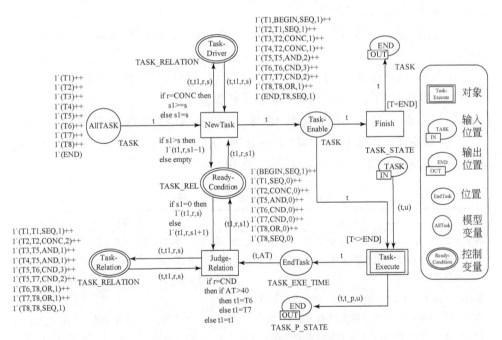

图 5.17　维修任务 M 的 CPN 模型

如表 5.3 所示，在 AND 关系中，控制变量 TaskDriver 对应的令牌 m 表示维修任务集合 Task′的元素个数，即只有维修任务集合 Task′中所有的维修任务完成后，维修任务 T_i 才能够处于使能状态。同样，在 CONC 关系中，m 表示当维修任务 T_i 完成后，可以使维修任务集合 Task′中所有的 m 个维修任务都处于使能状态。而 k/n 关系的转换规则与 AND 关系类似，其中 k 表示维修任务集合 Task′中的 k 个维修任务。事实上，当 k/n 关系中的 $k=1$ 时，k/n 关系变为 OR 关系；当

$k=m$ 时，k/n 关系变为 AND 关系。

5.7　维修任务建模与仿真案例分析

某型舰艇主机维修过程如表 5.4 所示，表中列出了某型舰艇主机维修过程的主要任务和相应的维修资源（包括维修人员、工具和备件）[9]。对各类维修资源的要求主要包括以下方面：

（1）人员要求。执行本工艺的人员应经过关于某型柴油机修理工艺、修理方法的相应培训，具备相应技术资格，并经考试合格。

（2）工具要求。修理前应备齐以下维修设备。

① 常用工具：各种规格的开口扳手、梅花扳手、套筒扳手、力矩扳手以及钳子、螺丝刀、锤子、紫铜棒、拉码等。

② 专用工具：拆卸、修理和装配气缸、气阀、活塞、齿轮、滚动轴承用的专用工装等。

③ 量具：内径百分尺、外径百分尺、游标卡尺、塞尺、百分表及表架等。

④ 起重工具：手拉葫芦、绳缆、撬杠、吊环等。

⑤ 其他器材：清洗用的油盘、油桶、零件存放架、抹布、棉纱、标签等。

（3）设备要求。用于执行本工艺的修理、试验、验收的设备应完好，并在使用期内。仪表应经过检验，处于使用期内并标识明确。

表 5.4　主机维修要素的详细描述

维修任务	维修资源
拆下气缸盖并分解。水腔清洗除垢、液压试验、更换锌块；研磨排气阀、起动阀和示功阀；测量阀杆和导管密封衬套间隙，进行修换鉴定	人员：拆卸人员、测量人员、修理人员 工具：拆卸气缸专用工具、清洗器材、量具 备件：锌块
取出活塞、连杆组件，拆卸活塞环、活塞销、连杆轴承及铰链油管等，清除积碳油垢；检查和测量活塞、活塞环、活塞销、衬套和连杆轴承；冲洗并吹净连杆油道和活塞冷却油腔；更换活塞最上面两道气环；外观检查活塞销和连杆螺栓，若发现有裂纹损坏或磨损超差，更换新件	人员：拆卸人员、检查测量人员、修理人员 工具：拆卸活塞专用工具、清洗器材、量具 备件：气环、活塞销、连杆螺栓
用塞尺测量主轴承间隙，测量曲轴止推轴承轴向间隙。检查两道（一般为第四道和第七道）主轴承和主轴颈，必要时检查所有主轴承和主轴颈，检查和测量各连杆轴颈和轴承间隙；测量臂距差	人员：检查测量人员 工具：塞尺、量具 备件：—

续表

维修任务	维修资源
拆卸气缸套检查其内孔磨损情况和外圆腐蚀情况;测量各汽缸套内径	人员:拆卸人员、检查人员、测量人员 工具:拆卸气缸套专用工具、内径百分尺 备件:—
更换机体冷却水腔防蚀锌块;检查贯穿螺栓的紧固情况;手动检查曲柄箱和储气室检视孔盖上安全阀开启的灵活性;清洗并吹净曲轴箱通风系统油气分离器和滑油放油管	人员:检查人员、修理人员 工具:清洗用的油盘 备件:锌块
检查凸轮及其在轴上的紧固情况,以塞尺测量凸轮轴承间隙并检查轴承的紧固情况;拆卸清洗、检查空气分配器	人员:检查人员、拆卸人员 工具:塞尺、拆卸用的常用工具 备件:—
拆卸、清洗、检查泵—喷油器,清洗缝隙式滤器,研磨针阀,检查其喷雾质量;柱塞偶件及低压油腔液压试验;检验通气阀和泄油管上的油阀是否完整无损	人员:拆卸人员、检查人员、液压试验人员、检验人员、修理人员 工具:拆卸常用工具、清洗器材 备件:—
拆卸、清洗、检查、测量调速器伺服油筒	人员:拆卸人员、清洗人员、检查人员、测量人员 工具:拆卸常用工具、量具 备件:—
拆卸、清洗、检查滑油泵、燃油泵和水泵;测量各部间隙;更换滑油泵的滚动轴承	人员:拆卸人员、清洗人员、检查人员、测量人员、修理人员 工具:拆卸常用工具、量具 备件:滚动轴承
拆卸、清洗、检查操纵联锁机构及各减压阀零件	人员:拆卸人员、清洗人员、检查人员 工具:拆卸常用工具、清洗器材 备件:减压阀零件
拆卸滑油、淡水和空气各系统的冷却器及排气总管,进行清洗、试验、鉴定,更换防蚀锌块;拆卸柴油机上的滑油、燃油、冷却水和起动空气系统的各段管路、阀门和滤器等附件,进行清洗、试压、鉴定,更换防蚀锌块	人员:拆卸人员、清洗人员、试验人员、修理人员 工具:拆卸常用工具、清洗器材 备件:防蚀锌块

维修任务	维修资源
拆下罩壳,检查凸轮轴传动机构、泵组传动机构和调速器传动机构,测量齿轮啮合间隙、齿轮衬套与枢轴以及齿轮在枢轴上的轴向移动量;清洗枢轴的内腔和齿轮的滑油喷嘴;检验枢轴的紧固螺栓和凸轮轴传动齿轮的支座是否完整无损;检查中间齿轮的滚动轴承,必要时更换	人员:拆卸人员、检查人员、测量人员、清洗人员、检验人员、修理人员 工具:拆卸常用工具、量具、清洗器材 备件:滚动轴承、螺栓
拆下螺杆泵的传动机构,检查齿轮、滚动轴承、轴向止推轴承、滑动轴承及止推轴承环损伤情况,必要时更换	人员:拆卸人员、检查人员、修理人员 工具:拆卸常用工具 备件:齿轮、滚动轴承、轴向止推轴承、滑动轴承止推轴承
拆下各螺杆泵,更换各个转子前端的滚柱轴承(NU2216),检查、鉴定其他轴承;察看并修整光车转子表面的擦伤拉毛部位;测量转子进气端端面间隙、径向间隙和转子间的间隙,测量同步齿轮啮合间隙,检查转子螺母的紧固情况,检查螺杆泵与气缸体的紧固情况,检查螺杆泵相互间及螺杆泵和传动机构间的轴线对中情况,检查联轴节的橡皮块	人员:拆卸人员、检查人员、测量人员、修理人员 工具:拆卸常用工具、各种量具 备件:转子前端的滚柱轴承、橡皮块
检查中间螺杆泵和前螺杆泵尼龙套的工作情况,必要时更换	人员:检查人员、修理人员 工具:— 备件:中间螺栓泵、前螺栓泵尼龙套
依据塞尺检验摆式减振器在曲轴锥面上的配合情况,检查并测量减振器的销子和衬套	人员:测量人员、检查人员 工具:塞尺、量具 备件:—
检查和校对柴油机附属的各种仪表	人员:检查人员 工具:— 备件:—

　　分析主机维修过程中各维修任务的相互约束关系,可以建立相应的 IDEF3 模型,如图 5.18 所示,其中的任务列表如表 5.5 所示。

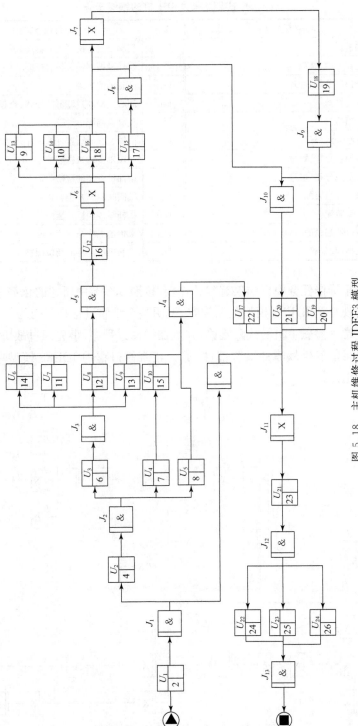

图 5.18　主机维修过程 IDEF3 模型

表 5.5　IDEF3 模型中主机的维修任务

任务	维修任务描述	任务	维修任务描述
U_1	柴油机拆卸	U_{13}	启动空气分配器的分解、修理
U_2	气缸盖分解、修理	U_{14}	摆式减振器的分解、修理
U_3	活塞连杆分解、修理	U_{15}	凸轮轴的修理
U_4	气缸套检修	U_{16}	离心式滑油过滤器的分解、修理
U_5	齿轮箱检修	U_{17}	气缸盖装配
U_6	螺杆泵分解、修理	U_{18}	曲轴、主轴承、连杆轴承、凸轮轴承的检修
U_7	润滑油泵分解、修理	U_{19}	凸轮轴传动机构装配
U_8	冷却水泵分解、修理	U_{20}	柴油机机体的检修
U_9	活塞连杆组装配	U_{21}	气阀间隙和相位调整
U_{10}	气缸套装配	U_{22}	螺杆泵传动机构装配
U_{11}	柴油机油底壳的检修	U_{23}	泵传动机构与罩壳装配
U_{12}	气缸拆卸、分解	U_{24}	平衡机构部件的相位调整

　　由于整个维修任务模型中仅有"与"连接,按照 3.3 节中所述的化简规则,可以很容易地发现整个 IDEF3 模型化简为空,说明整个维修过程是正确的。

　　如果是常规潜艇主机的故障维修,并且在维修过程中,事先通过故障诊断方式获得了主机可能发生故障的某些部件,那么在维修过程的 IDEF3 模型中,将会出现"异或"交汇点。

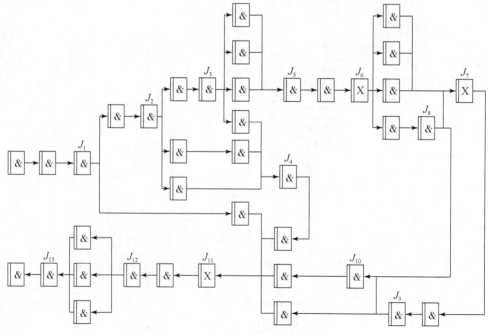

图 5.19　转换后的主机 IDEF3 模型

假设图 5.18 中的 J_6、J_7、J_{11} 变为扇入型"异或"交汇点,并将模型中的非"异或"节点均转换为"与"交汇点,模型变为如图 5.19 所示的结构。

不断应用 5.3 节中所述的化简规则,可得模型化简结果如图 5.20 所示。

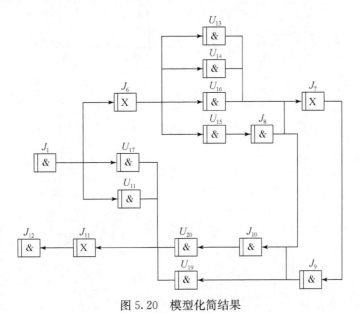

图 5.20　模型化简结果

显然,整个模型不能够化简为空,并且在扇出型"与"交汇点 J_1 与扇入型"异或"交汇点 J_{11} 之间存在同步丢失,因此模型是不合理的,需要对维修任务之间的逻辑关系进行重新调整。

按照静态逻辑关系建立任务之间的模型,模型如图 5.21 所示。

维修任务逻辑关系模型中各维修任务的平均维修时间如表 5.6 所示。

表 5.6　主机各维修任务的平均维修时间

任务	平均维修时间/天	任务	平均维修时间/天
U_1	4	U_{13}	18
U_2	11	U_{14}	16
U_3	22	U_{15}	20
U_4	5	U_{16}	23
U_5	6	U_{17}	10
U_6	20	U_{18}	26
U_7	20	U_{19}	20
U_8	19	U_{20}	6
U_9	22	U_{21}	5
U_{10}	4	U_{22}	6
U_{11}	4	U_{23}	6
U_{12}	10	U_{24}	7

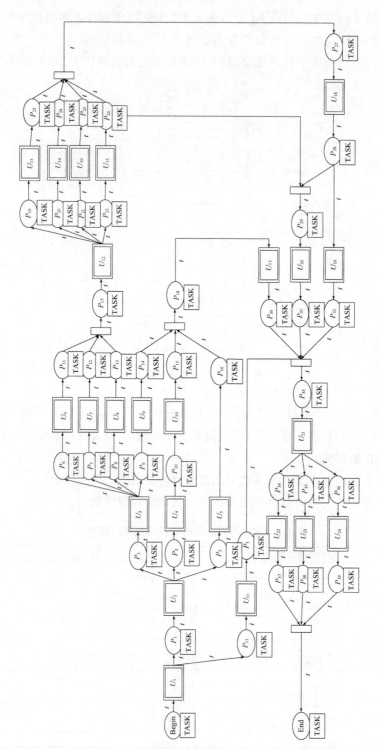

图 5.21 维修过程静态 CPN 模型

维修任务对维修资源的需求采用列表的形式描述,如表 5.7 所示。如维修任务 u1(柴油机拆卸),需要的维修资源包括:人员——拆卸人员、测量人员、修理人员;工具——拆卸气缸专用工具、清洗器材、量具;备件——锌块。那么,相应的维修资源描述为

$$[PLAT1,PLAT2,PLAT3,PLAT8,PLAT9,PLAT10]$$

仿真过程中,逐个对维修资源进行申请,直到获得所有的维修资源,维修任务才开始执行。

表 5.7　CPN 模型中的维修资源描述

维修资源	资源描述	维修资源	资源描述
拆卸人员	PLAT1	清洗器材	PLAT9
测量人员	PLAT2	量具	PLAT10
修理人员	PLAT3	拆卸活塞专用工具	PLAT11
检查人员	PLAT4	塞尺	PLAT12
检验人员	PLAT5	内径百分尺	PLAT13
清理人员	PLAT6	清洗用的油盘	PLAT14
试验人员	PLAT7	拆卸常用工具	PLAT15
拆卸汽缸专用工具	PLAT8	备件	PLAT16

下面研究主机维修过程对各类维修资源的最大需求量,因此维修资源个数都取一个较大值,在维修任务执行过程中,不存在维修任务等待维修资源的问题。维修人员被认为是独占可重用资源;维修设备认为是非独占可重用资源;备件认为是独占资源。

仿真运行结果主机维修时间为 150 天。主机维修甘特图如图 5.22 所示。

仿真获得主机维修过程中关键路径为

$$U_1 > U_2 > U_3 > U_9 > U_{12} > U_{16} > U_{18} > U_{19} > U_{21} > U_{24}$$

关键路径上的维修任务优化能够最终缩短整个主机维修过程完成时间。从甘特图中可以发现,关键路径中维修任务 U_1、U_{18} 和 U_{21} 完成时间的长短对整个维修过程的完成时间有直接的影响,无论 U_1、U_{18} 和 U_{21} 的维修时间变化多少,都将直接影响整个完成时间。因此,对于柴油机拆卸(U_1),曲轴、主轴承、连杆轴承、凸轮轴承的检修(U_{18}),以及气阀间隙和相位调整(U_{21})这三项维修任务进行优化,将对减少维修时间具有关键性的作用。

对各类维修资源的最大需求量如表 5.8 所示,通过仿真结果可以合理地确定维修人员的配置,在保证维修任务能够按时完成的基础上,尽量提高维修人员的工作效率和维修设备的使用效率。

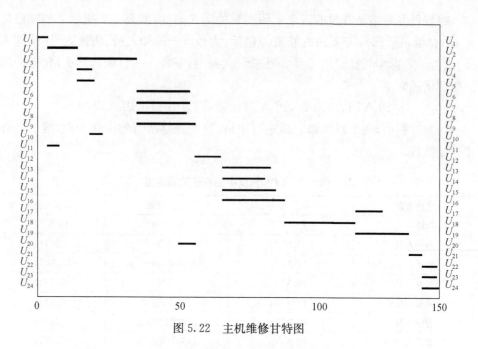

图 5.22　主机维修甘特图

表 5.8　维修资源最大需求量

维修资源	资源描述	最大需求量/个
拆卸人员	PLAT1	4
测量人员	PLAT2	3
修理人员	PLAT3	3
检查人员	PLAT4	4
检验人员	PLAT5	1
清理人员	PLAT6	3
试验人员	PLAT7	1

　　考虑到维修任务的完成时间可能产生的一些随机波动,在仿真的过程中,假设维修任务的完成时间都服从$[T-2,T+2]$的均匀随机分布,经过 1000 次仿真,统计发现维修过程的完成时间在$[134.9,162.4]$,并且维修任务之间执行的先后顺序关系没有发生太大的改变,说明现有的维修任务之间的时间顺序关系具有很强的鲁棒性。

参 考 文 献

[1] 陈禹六. IDEF 建模分析和设计方法[M]. 北京:清华大学出版社,1999.

[2] 张维,何卫平,张定华. 基于 IDEF3 的并行工程过程建模[J]. 机械科学与技术,2000,(S1):

166—168.

［3］费立蜀,顾庆,陈道蓄 . 一种过程定义模型及其验证性分析［J］. 计算机科学,2004,31(1):145—151.

［4］任彦 . 网络中心战条件下 C2 组织的知识服务建模方法研究［D］. 长沙:国防科学技术大学,2006.

［5］Jensen K,Kristensen L M,Wells L. Coloured Petri Nets and CPN tools for modelling and validation of concurrent systems［J］. International Journal of Software Tools Technology Transfer,2007,9(3—4):213—254.

［6］袁崇义 . Petri 网原理与应用［M］. 北京:电子工业出版社,2005.

［7］Jensen K. An introduction to the theoretical aspects of coloured Petri Nets［J］. Lecture Notes in Computer Science,1994,803(476):230—272.

［8］杨春辉 . 基于 CPN 的面向任务指挥控制组织建模、仿真及优化方法研究［D］. 长沙:国防科学技术大学,2008.

［9］胡志刚 . 常规潜艇维修过程建模与仿真方法研究［D］. 武汉:海军工程大学,2007.

第6章 舰船技术保障装备体系动态演化

6.1 舰船技术保障装备体系演化的概念内涵

系统科学将演化(evolution)定义为系统的结构、状态、功能等随着时间推移而发生的变化。从足够大的时间尺度来看,任何系统都处于或快或慢的演化之中。

状态是系统科学常用而不加定义的概念之一,通常理解为系统研究中被关注的那些可以观察和识别的状况、态势、特征、性能等属性。广义上,系统的结构也可以认为是系统的一种状态——当系统内部实体之间的关系确定时,系统结构反映了系统内部实体存在与否的状态。系统的功能则是系统性能这种状态在系统与外部环境之间的某种表现。因此,系统的演化现象可以统一用系统状态的时变过程来描述。

系统科学将系统的演化定义为系统的结构、状态、行为、功能等随着时间推移而发生的变化,认为演化性是系统的普遍特性,从足够大的时间尺度来看,任何系统都处于或快或慢的演化之中。

依据上述观点,舰船技术保障装备体系的建设过程可视为舰船技术保障装备体系的演化过程。在舰船技术保障装备体系的建设过程中,观测的重点则主要集中于体系保障能力形成与保持的整个过程。构成舰船技术保障装备体系的系统、设备、工具以及关键技术的结构和状态是形成体系保障能力的基本要素,体系发展与建设过程中每个时间剖面的体系保障能力都依赖于这些基本要素、并通过这些基本要素得以体现。因此,一个自然的观测角度则是通过分析建设过程中每个时间剖面上构成体系的系统、设备、工具以及关键技术的结构和状态来观测舰船技术保障装备体系保障能力的形成与保持。

从系统演化的一般概念出发,除了系统状态以外,系统演化问题的基本要素还包括时间、实体、环境、规则等。

时间是系统状态在环境中发生变化的观测尺度,时间是有方向性的,时间指向系统演化的方向。

实体是系统与环境边界内系统一侧的受观测元素。在面向演化问题的研究中,实体是系统状态子集的载体和状态变迁的行为主体。

在系统以外与系统相关联的事物构成的集合称为系统演化的环境,通常系统与环境的相互联系和作用是通过交换物质、能量、信息实现的。其中,资源是指环境中与系统内各实体状态变化相关且通常具有有限性和共享性特征的环境要素,如资金、物资、设备、人力等。资源主要以规则形式作为约束条件影响实体的演化过程。

在演化问题中,规则主要是指限制实体状态变化的一系列约束。规则主要来源于实体与实体之间以及实体与环境之间的联系。

6.2　舰船技术保障装备体系演化影响因素分析

6.2.1　演化层次结构

形成并提高舰船技术保障装备体系的整体能力是开展体系研究的根本目的,也是研究舰船技术保障装备体系演化过程分析的目的。舰船技术保障装备体系保障能力的形成取决于多个层次的因素:从舰船技术保障思想、舰船技术保障的技术发展水平,到舰船技术保障组织机构设置、人员能力水平,再到舰船装备技术保障体制、舰船装备本身的通用特性水平,并最终归结于舰船技术保障装备体系结构的合理配套以及保障运用的综合能力。

依据舰船技术保障装备体系各组元的上述不同涌现属性,并面向舰船技术保障装备体系演化分析与设计的需求,这里将舰船技术保障装备体系的实体结构按照自顶向下的顺序分为三个层次:舰船技术保障装备体系;基于舰船维修的舰员级、中继级和基地级维修保障装备;具体的舰船技术保障装备。对于部分舰船技术保障任务,舰船技术保障装备类型少,相应的层次关系较为简单,由舰船技术保障装备实体直接对应舰船技术保障装备体系;舰船技术保障中的维修活动具有三个层级,相应的舰船维修保障装备对应着增加一个层次,表示三级维修力量对应的维修保障装备所具有的维修保障能力。

6.2.2　演化环境

演化过程中舰船技术保障装备体系所处的环境包括使命任务、舰船装备发展变化等外部环境因素,以及装备体系状态发生变化所需的资金、物资、设备、人力等演化资源因素。在面向舰船技术保障装备体系研究框架内,外部环境要素主要作为需求牵引,以舰船技术保障装备体系建设需求的形式影响舰船技术保障装备体系的演化过程;而资源因素主要是以其有限性和共享性作为调控手段,以约束的形式影响舰船技术保障装备体系的演化过程。

6.2.3　演化规则

舰船技术保障装备体系演化问题中的规则要素同样来自于演化实体之间以及演化实体与演化资源之间的联系。

在舰船技术保障装备体系演化问题中，主要考虑使命任务、经费预算、技术水平、人员素质及管理体制机制对舰船技术保障装备体系建设过程的约束作用。其中大体包括以下规则：

（1）舰船技术保障装备体系的年度经费使用不超过年度经费预算。

（2）随着舰船服役时间的增加，舰船技术保障活动需求也是逐步增加的。

（3）在未来一段时间内，舰船总的数量处于一个不断上升的阶段。

（4）舰船技术保障的水平是随着舰船系统设备的技术水平不断提升的，相应的舰船技术保障装备需要根据使命任务、舰船系统设备要求不断更新。

（5）舰船技术保障装备保持不变，而舰船技术保障活动不断增加，则舰船技术保障装备体系能力是在逐步下降的。

（6）舰船技术保障训练装备能够提高舰船技术保障人员能力，人员能力的提升将促进舰船技术保障装备能力的实现。

（7）舰船技术保障指挥管理装备能够提高舰船技术保障装备体系效率。

6.2.4　演化特征

舰船技术保障装备体系的演化过程由组成体系的使命任务、舰船装备、舰船技术保障人员、舰船技术保障过程及其支撑技术的演化过程共同组成。与舰船装备系统建设中的演化现象及演化过程相比，舰船技术保障装备体系的演化除了具有更长的时间跨度、更为复杂的实体层次结构和演化规则以外，在以下三个方面也有所区别。

1. 涌现属性的更高等级带来了需求的顶层性

面向舰船技术保障装备体系演化过程的研究将形成、保持并提高舰船技术保障装备体系的整体保障能力作为目标，即舰船技术保障装备体系演化的需求具有更为顶层性的特征。

2. 时间跨度的增大带来了需求的更高不确定性和自身演化性

对于舰船技术保障装备体系演化过程，构成体系的舰船技术保障装备都是按照相对独立的流程发展起来的，因而整个舰船技术保障装备体系的建设则需要经过更长的时间，才能将各个装备结合起来以应对舰船技术保障装备体系的演化需求。随着时间跨度的增大,舰船装备、舰船保障思想等也会发生不断的变化、存在更多的可能性,因此不仅带来了舰船技术保障装备体系顶层需求的不确定性,同时也使得需求自身的演化成为体系演化分析无法回避的问题。

3. 体系的多层次结构及演化规则使得体系演化的轨迹空间更加复杂

一方面,舰船技术保障装备体系的层次结构比装备系统更加复杂,因而装备体系演化轨迹空间的维数更高。在各维状态变量值域不发生变化的情况下,更高的维数就意味着更大的状态空间和轨迹空间。

另一方面,装备体系的演化规则更为复杂,因而导致不满足演化规则的不可行状态在状态空间中的分布更广,虽然因此缩小了可行轨迹空间的大小,但同时使得可行轨迹空间的拓扑结构更加复杂。

6.3　面向演化的舰船技术保障装备体系设计框架

面向演化的舰船技术保障装备体系设计的总体思想是:通过设定一定的规则,由计算机自动生成大量的计算机可解读的舰船技术装备体系备选方案,评估其效能,通过循环迭代的方式,促使舰船技术保障装备体系相关控制变量逐渐收敛于最优解或获得满足规定条件的满意解。

按照"建模—产生—评价"的模式,针对舰船技术保障装备体系演化问题中体系层次多、演化规则多所带来的体系演化空间高度复杂的特点,设计了多层次仿真优化模型提高分析与优化效率。

1. 问题分析与建模

问题分析与建模的目的是要明确舰船技术保障装备体系演化问题的边界及其观测角度,并确定演化控制目标。也就是解决如下三个问题:建立体系演化的评价指标体系、构建舰船技术保障装备体系模型、建立舰船技术保障装备行为的约束机制,这是进行舰船技术保障装备体系演化分析、控制方案仿真与优化的基础。

舰船技术保障装备体系模型涉及多个层次的众多类型舰船技术保障装备,它们之间的相互作用关系复杂,很难采用体系结构逐层分解的方式——构建相应的分析模型,本节结合当前舰船技术保障体系实际能力水平和舰船技术保障装备的配置情况,在顶层采用总的费用分配的方式,针对重点分析的维修保障装备,从基地级、中继级和舰员级三个级别再分别阐述,最后具体的过程、单元任务层次则采用能力匹配的方式。

2. 体系演化过程与评价

对舰船技术保障装备体系演化过程进行控制,使舰船技术保障能力避免产生大波动的情况下,实现能力水平的不断提高,但与此同时,演化控制方案受到各种约束的限制,本质上演化控制方案是一个约束满足问题(constraint satisfaction problem,CSP)。

舰船技术保障装备体系演化的行为约束包括体系实体结构约束和环境资源约束两类。体系实体结构约束来源于实体之间的层次关系、耦合关系,以及实体内部状态的序列关系,直接影响控制参量赋值。环境资源约束则主要来源于资源的有限性和共享性,环境资源约束通过作用于体系演化轨迹上而间接影响控制参量赋值。

对于体系轨迹的评价包括两个步骤:首先,依据问题建模阶段确定的评价指标体系对体系演化过程中体系的每个瞬时状态进行评价;然后,将瞬态评价结果在时间轴上进行综合。

3. 演化控制方案优化

优化过程采用"控制变量赋值→演化方案产生→方案适应度评价→控制变量调整"的思路和步骤,运用遗传算法等进行优化计算,实现舰船技术保障装备体系各个层次的优化。

第7章 基于成熟度等级模型的舰船技术保障装备能力评估

7.1 能力成熟度模型及应用特点

7.1.1 能力成熟度模型

20世纪70年代中期美国国防部统计数据表明,在失败的项目里,有70%是由管理不善引起的;20世纪90年代中期,美国曾投入2500亿美元用于IT行业的175000个软件项目,其中31%的项目在完成之前被取消,这些半途而废的项目花费了810亿美元;其中53%的项目的费用是原估计预算的190%,几乎超出预算的一倍;只有10%的软件项目能够在预算内如期交付。这些数据是CMM(capability maturity model)研究和应用的重要动力。

为解决软件组织存在的问题,CMM的初衷在于[1]:解决好软件项目的管理问题;应当把提高软件产品的质量和软件开发的生产率作为重点,优先加以解决;建立过程的观念,运用过程的思维方式,从根本问题入手,而非头痛医头;给软件组织一个逐步提高成熟度的路线图。

从构成上讲,模型分为成熟度等级和结构两个部分。

CMM的成熟度演进框架包含5个由低到高的等级,它是衡量软件组织过程成熟度的尺度,同时也是引导软件组织从自己的实际状况出发进行过程持续改进的目标,为企业改进过程提供了导向的路线图。能力成熟度模型的5个成熟度等级如图7.1所示,其特征如表7.1所示。

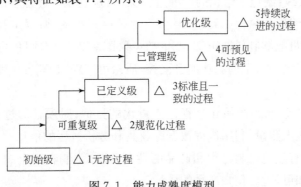

图 7.1 能力成熟度模型

表 7.1 CMM 各成熟度等级特征

成熟度等级	管理差异	特征	要解决的主要问题	结果
5. 优化级	变更管理	以巩固和创新为宗旨 依据反馈信息改进管理过程 更新技术优化管理过程	保持优化	
4. 已管理级	量化管理	过程得到量化的理解和控制	技术变更 问题分析与预防	
3. 已定义级	过程管理	管理过程得到定义，形成完善的制度 组织定义的过程得到很好的理解，并在管理 过程中得到很好的遵循	过程测量 过程分析 量化质量管理	生产率质量
2. 可重复级	项目管理	项目管理受到重视 以往成功经验可以重复 过程可能主要依赖个人	培训、测试与评 审标准与过程	
1. 初始级	混乱的管理	过程不正规 个别过程混乱，不可预测	项目管理	

能力成熟度各等级的特点可以具体解释如下。

（1）初始级：组织缺乏明文的管理办法，软件工作没有稳定的环境，制订了计划又不执行，反应式驱动工作开展；紧急情况下已定的规程丢到一边，急于编码和测试；个别项目的成功依赖于某个有经验的管理人员；规定的过程无法克服由于缺乏有效管理带来的不稳定：现象往往表现为过程无一定之规，项目进度、预算、功能及产品质量无法保证，项目的实施不可预测。

（2）可重复级：建立了跟踪成本、进度和功能的基本项目管理；基于以往项目经验，制定了过程实施规范，使类似的项目可再次成功；能跟踪成本、进度、功能，及时发现问题；如有分包，其质量也能得到控制。

（3）已定义级：制定了组织的标准过程文件，这是软件过程基础设施的重要组成部分；建立了组织的软件工程过程组，负责软件过程活动；制定和实施了人员培训大纲，保证人员能够胜任岗位知识和技能要求；针对特定项目，可将标准软件过程进行裁减；项目成本、工期和功能已受控，质量可跟踪，管理者了解所有项目对技术进步的要求。

（4）已管理级：已为产品和过程建立量化的目标；对项目的过程活动，包括生产率和质量均做出测量；利用过程数据库收集和分析过程的信息；可量化评价项目过程和产品；可有效地控制过程和产品的性能，使其限制在规定的范围内；新应用领域的风险可知可控；可预知产品的质量。

（5）优化级：集中注意于过程的持续改进；自知过程的薄弱环节，可预防缺陷的出现；可通过对当前过程的分析，对新技术或将出现的变更做出评价；重视探索创新活动，并将成功的创新加以推广；对出现的缺陷进行分析，找出原因，防止再次发生。

成熟度等级可以看成 CMM 的外部形象，CMM 的内部结构可以由图 7.2 描述。首先，每个等级中含有关键过程域；其次，每个关键过程域中含有自己的目标，以及为达到这些目标必须做到的若干关键实践。

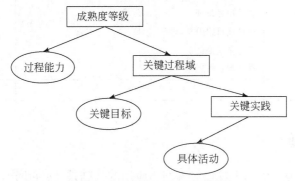

图 7.2　CMM 的内部结构示意图

从主体框架结构上说，能力成熟度模型由关键过程域和关键主题从纵横两个方向描述。关键过程域在每个成熟度等级上定义，但是跨越不同级别的过程域之间存在着纵向的联系，这些联系促进了在某个成熟度等级建立的实践向更高等级的过程转移，这就是关键主题。具体如表 7.2 所示，关键过程域是要强调在不同的成熟度等级上，可能涉及许多过程，但这些过程被认为是最重要的。关键主题则包括管理过程、组织过程和工程过程。

CMM 为每个关键过程域规定了一组目标，每组目标都概括该关键过程域的关键实践，并且可以作为一个组织能否有效地实施该关键过程域的判断标准。

表 7.2　CMM 主体框架结构

关键过程域＼关键主题＼成熟度等级	管理过程（软件项目策划与软件项目管理）	组织过程（跨项目过程、培训与基础设施等）	工程过程（需求分析、设计、编码、测试等）
5. 优化级	技术变更管理		
	过程变更管理		缺陷预防
4. 已管理级	定量过程管理		软件质量管理

成熟度等级 ＼ 关键过程域 ＼ 关键主题	管理过程(软件项目策划与软件项目管理)	组织过程(跨项目过程、培训与基础设施等)	工程过程(需求分析、设计、编码、测试等)
3. 已定义级	集成软件管理 组间协调	组织过程关注 组织过程定义、培训大纲	软件产品工程 同行评审
2. 可重复级	需求管理 软件项目策划 软件项目跟踪与监控 软件质量保证 软件配置管理	—	—
1. 初始级	—	—	—

7.1.2　应用特点

（1）CMM 是一个基于过程的模型。应用的基础是:软件生产活动具有显著的过程特性。1995 年,国际标准化组织和国际电工委员会联合制定并发布了一个对软件界有深远影响的国际标准——《信息技术—软件生存期过程》(ISO/IEC 12207)。该标准全面系统地阐述了软件生存期的过程、活动和任务。该标准定义的软件生存期具有 17 个过程,分别属于基本过程、支持过程和组织过程。其中,基本过程包括获取、供应、开发、运行、维护 5 个过程;支持过程包括文档编制、配置管理、质量保证、验证、确认、联合评审、审核、问题解决 8 个过程;组织过程包括管理、基础设施、改进和培训 4 个过程。这些过程分别具有各自的主要活动和任务。CMM 是基于这些基本的过程和活动,提炼出关键的过程和活动,来构建一个逐步进化的框架。实际上,"过程"这一概念,是贯穿模型构建始终和模型应用过程的。

（2）CMM 是一个提高软件企业综合管理能力的模型。最初能力成熟度模型产生的诱因确实是软件企业所普遍面临的合同超期、质量无法控制、预算超支等现象,并且能力成熟度模型的应用也将起到以个体劳动为基础的软件生产过程转变为集体大生产,使软件生产率和质量成为组织属性,而不再是个人行为,但实质上,能力成熟度模型所达到的不仅限于此。CMM 的应用是一场新的管理革命,它所带来的是软件企业综合管理能力的提高。

（3）CMM 是一个追求规范化、制度化的模型。组织管理规范化是 CMM 的特色之一。为了减少由组织工作的灵活性和随机性带来的风险,CMM 将组织过程规范化、具体化、制度化。体现在组织行为的规范,明确了工作过程的规范,制定了测量、分析、评价组织工作的标准,CMM 还明确要制定符合组织的战略目标,并与组织环境达成一致,建立组织内部协调过程域及协调的工作规范。

(4) CMM 是一个体现团队精神、强调协作的模型。CMM 将管理的方法与技术手段相结合,强调团队精神,强调分工后的协作和过程的相互制约。CMM 的模型是透明的,它将复杂的系统分解为相互独立的模块,每个成员知道自己的工作范围、工作标准和发展目标,强调在总目标下共同分担风险和责任,在 CMM 实施的同时也创建了一种组织文化——团队精神。

(5) CMM 是一个强调"持续改进"理念的模型。CMM 给出了软件过程改进的线路图,在它的第二、三、四、五级中规定了每个等级的关键过程域(共 18 个),并且指明了为达到这些关键过程域的目标,以及实现这些目标的活动,即关键实践。表面看来似乎给出的是方法,实际上,它体现的是软件开发过程管理的理念,是管理的指导思想。诚然,CMM 具有针对软件企业的专用性,这是因为 CMM 是一个描述性的模型,它通过对软件开发过程进行大量的研究,使得其所设置的关键过程域和关键实践非常符合软件开发过程的实质。然而,贯穿这些关键过程域和关键实质的内核是逐步改进的管理理念。实施 CMM,不是被动地去执行和比对 CMM 中设置的彰显过程能力提升的关键实践,而是通过 CMM 的关键实践,将持续改进的管理理念灌输到组织中。

7.2　技术成熟度模型及技术成熟度评估

7.2.1　技术发展模型

"技术"一词可以用在不同的学科,表示在人们脑海中的一项技能,或者某项工艺流程。"技术"一词最早来源于希腊文字,意思是"一项艺术或技能的系统方法",但在不同领域使用又具有不同的含义[2]。概括起来,技术包括三层含义:①技术的来源,是知识;②技术的本质,是技能、设备等;③技术的目的,就是服务人类。

技术的发展并非杂乱无章,而是有迹可寻。世界上对技术发展规律的研究始于 20 世纪 60 年代,我国则在 20 世纪 80 年代才开始相关的研究。研究人员通过对技术发展指标的提取和处理,利用一定的数学模型和图形直观全面地反映技术的发展状况,取得了一系列重要成果,下面简要介绍主要的技术发展模型[3]。

对技术的成熟度进行评估,首先就是要弄清楚技术遵循怎样的发展规律,针对其特点选用不同的技术成熟度评估方法。技术发展模型是对技术发展规律的数学化表示,从而生动形象地描绘出技术发展的路径。目前的技术发展模型主要有 S 曲线模型。

比利时数学家 Verhulst 其同事 Quetelet 提出增长阻抗概念的启发下,首次提出了用 Logistic 曲线及 S 曲线作为人口统计的描述曲线。此后,人们对 Logistic 曲线模型进行了大量的改进、研究和应用,主要运用于生物、经济等领域。1981 年,Little 研究发现,技术的发展与生物进化有着惊人的相似,随后人们引入了众多的 S 曲线描述方程,并不断进行改进,以使其符合特定技术发展的规律。常见的技术发展模型如表 7.3 所示。

表 7.3　常见的技术发展模型[3]

模型名称	方程
绝对模型	
Logistic	$y_t = \dfrac{L}{1 + ae^{-bt}}$
Gompertz	$y_t = Le^{-ae^{-bt}}$
Mansfied Blackman	$\ln \dfrac{y_t}{L - y_t} = \beta_0 + \beta_1 t$
Linear Gompertz	$\ln\left(-\ln \dfrac{L}{y_t}\right) = \beta_0 + \beta_1 t$
Weibull	$\ln\left(\ln\left|\dfrac{y_t}{L - y_t}\right|\right) = \beta_0 + \beta_1 \ln t$
Von Bertalanffys	$y_t = (1 - ae^{-bt})^3$
n/a	$y_t = e^{a - (b/t)}$
相对模型	
Bass	$dy_t = \beta_0 + \beta_1 y_{t-1} + \beta_2 (t_{t-1})^2$
Nonsymmetric Responding Logistic	$\ln(dy_t) = \beta_0 + \beta_1 y_{t-1} + \beta_2 \ln(L - y_{t-1})$
Harvey	$\ln(dy_t) = \beta_0 + \beta_1 t + \beta_2 \ln y_{t-1}$
Exended Riccati	$\dfrac{dy_t}{y_{t-1}} = \beta_0 + \beta_1 y_{t-1} + \beta_2 \dfrac{1}{y_{t-1}} + \beta_3 \ln y_{t-1}$

　　技术 S 曲线模型总体上可分为绝对模型和相对模型。绝对模型是指技术在某一时刻的状态只通过技术本身的特性和时间来描述,与其他时间的状态无关;相对模型所表述的是技术在某一时刻的状态,通过技术之前的发展状态来确定的。由模型可以明显看出,相对模型的参数大大多于绝对模型,在进行回归分析确定参数时,往往需要大量的运算和检验。另外,绝对模型和相对模型在一定条件下是可以相互转化的,在满足计算精度要求的情况下,应尽量选用绝对模型。

　　一个理想的 S 曲线模型如图 7.3 所示。纵坐标是技术性能成熟度,代表了技术性能的不断提升;横坐标是技术研发投入或者时间。技术性能本质上是由自身的物理特性决定的,只要不断地进行研发投入,技术性能就会得到持续提升。但同时应注意,技术性能是有上限的,一是技术的理论上限,即最高能达到的技术水平;

二是实际工程应用中的上限，即受环境、工艺等的影响，该上限会略小于理论上限。在研究过程中，应保证具有持续的技术研发投入，这样就可以把研发投入转化为时间，方便对技术发展阶段的评估。

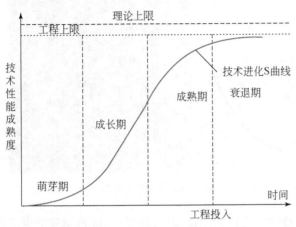

图 7.3　理想的 S 曲线模型

与生物生长相类似，利用技术 S 曲线来描述技术的增长，可以划分为四个阶段[4]。第一阶段为技术发展的萌芽期，此时是技术发展的起点，各项指标值都较低，需要大量的时间和投入来推动技术的发展，并逐渐达到其突破点。技术转换到第二阶段成长期后，在相同的投入情况下，增速大幅提高，此次转变发生在 S 曲线左侧最大曲率部分，即 S 曲线的左侧拐点。当技术发展到增长速率最大的点时，技术就从成长期转换到了成熟期，这一阶段技术仍然不断向前发展，但发展速度明显变缓。随着技术逐渐达到其工程上限，就转化到其衰退期，大量的投入才能换得技术上的微小进步，直至接近其物理上限，该转变发生在 S 曲线上半部分的最大曲率处，即 S 曲线的右侧拐点，常常称该点为收益递减点，过了收益递减点就应慎重考虑对此技术继续投资。

在技术 S 曲线中人们比较关心的是技术增长率，也就是单位投入内技术增长量，对 S 曲线图形来说，即曲线的斜率，图 7.4 所示为技术沿 S 曲线的增长率。技术增长率曲线中最大值点对应于 S 曲线中技术由增长阶段转换为成熟阶段的转折点，左侧的起点与右侧的终点分别对应于技术发展的起点与技术的衰退点。图 7.4 曲线中左侧的拐点是技术快速发展的一个标志，过了该点后，在相同的投入情况下，技术会有一段时间的快速发展期。同样，在图 7.4 曲线的右侧也有一个拐点，在这个点之后，技术发展的速率已经变得非常缓慢，大量的投入只能换得少量的回报，甚至没有技术上的进步，此时技术已经逐渐达到其发展的上限，这也是给人们一个信号，需要一种新的技术来满足对技术性能的需求。

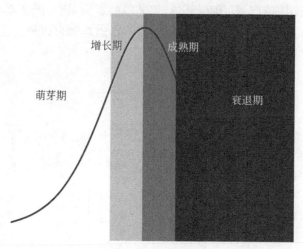

图 7.4　技术增长率曲线

　　前面提到的技术发展阶段的萌芽期、发展期、成熟期和衰退期也称为该技术的生命周期。而技术性能的进步是没有生命周期的,总是不断向前发展的,只是在不同时期的发展速度不同而已。当某一项技术发展已经达到其上限,并且进一步的投入并不能获取相应的回报时,就需要考虑开发新的替代技术,以使技术性能得到不断的提升,满足人们的需求。由此,沿着某一技术性能或人们的需求,在不同的阶段由不同的技术推动其向前发展,如图 7.5 所示,每个阶段的技术性能对应的技术均有其独立的 S 曲线和上限,将整个过程称为技术的演化。

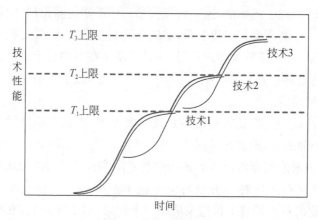

图 7.5　技术 S 曲线演化

　　注意到,每个后续技术 S 曲线与前一个 S 曲线都有重叠,在已有技术还没有完全衰退之前,就要着手对新技术进行开发研究。有些技术之间重叠部分较多,有些较少,可能新技术在起步阶段并没有现有技术的性能优越,但随着时间的推移,新技术会展现其强大的生命力,并取代现有的技术。以火车的发明为例,最早的火车还没有马车跑得快,但我们都知道,现在火车的速度已经远远把马车甩在了后面。

由此,对技术进行评估时,只能是对每一个技术进行评估,而不是对整个技术性能进行评估,因为谁也不能确定人类社会的未来会发展到一个什么样的地步。这就为后面进行的技术成熟度评估对象的选择提供了依据。

7.2.2　技术成熟度评估

技术成熟度是一个"舶来品",在引进的过程中,主要的英文来源有两个:一是"technology maturity";另一个是"technology readiness level"。第一个来源很容易解释,为直译。第二个解释应为"技术就绪水平"或"技术完备等级",是 NASA 和 DoD 等进行技术成熟度评估(technology maturity assessment,TMA)的一种方法,由于是当前主要的技术成熟度评估方法,因此很多学者就将其称为技术成熟度。

根据《辞海》的解释,"成熟"是比喻事物已经发展到能有效果的阶段,是一种状态;"成熟度"即是对这种状态的描述。因此,本节所提及的技术成熟度是指在技术的整个生命周期中,在某一时刻该技术所处的发展状态。

所谓技术成熟度评估,是指通过对与技术成熟度有关的数据和信息(包括技术知识、技术状态、技术能力等)进行分析,根据一定的度量指标,确定技术成熟程度的活动。

目前国内外进行技术成熟度评估主要有四种方法:技术就绪水平(technology readiness level,TRL)方法[5]、技术文献计量(technology biblio metrics,TBM)方法[6]、技术专利分析(technology patent analysis,TPA)方法[7]、技术性能测量(technology capability measure,TCM)方法。下面简要介绍 TRL 方法的运用。

技术成熟度有三个不同的度量维度或者三个元素:技术就绪水平、制造就绪水平(manufacturing readiness level,MRL)、项目就绪水平(programmatic readiness level,PRL)。而在国内,有些学者把技术就绪水平称为技术备便水平、技术实用水平、技术就绪水平等,或者直接称为技术成熟度。结合前面的研究,本书认为现行的技术就绪水平其实是描述技术成熟度的一种度量标准或者方法,评估得到的技术就绪水平就是基于这种度量标准而体现的技术成熟度,因此,本节把其作为技术成熟度评估的一种方法,使用"技术就绪水平"一词。

1) 基本定义

2009 年,美国颁布的新的《技术就绪评估手册》中,技术就绪水平已经发展完善为 9 级量表,对应于技术发展的每个阶段,都做了详细的规定和说明,如表 7.4 所示。

表 7.4　技术成熟度等级通用模型

等级		等级描述	等级评价标准
1	基本原理清晰	通过探索研究,发现了新原理、提出了新理论,或对已有原理和理论开展了深入研究。属于基础研究范畴,主要成果为研究报告或论文	① 发展或获得了基本原理; ② 基本原理分析描述清晰; ③ 通过理论研究,证明基本原理是有效的
2	技术概念和应用设想明确	基于基本原理,经过初步的理论分析和实验研究,提出了技术概念和军事应用设想。主要研究成果为研究报告、论文或试验报告等	① 通过理论分析、建模与仿真,验证了基本原理的有效性; ② 基于基本原理,提出明确的技术概念和军事应用设想; ③ 提出了预期产品的基本结构和功能特性; ④ 形成了预期产品的技术能力预测
3	技术概念和应用设想通过可行性论证	针对应用设想,通过详细的分析研究、模拟仿真和实验室实验,验证了技术概念的关键功能、特性,具有转化为实际应用的可行性。主要成果为研究报告、模型和样品等	① 通过分析研究、模拟仿真和实验室实验,验证了技术能力预测的有效性; ② 明确了预期产品的应用背景、关键结构和功能特性; ③ 完成关键结构与功能特性的建模仿真; ④ 研制出实验室样品、部件或模块等,主要功能单元得到实验室验证; ⑤ 通过实验室实验,验证了技术应用的可行性,提出了技术转化途径
4	技术方案和途径通过实验室验证	针对应用背景,明确了技术方案和途径,通过实验室样品/部件/功能模块的设计和加工,以及实验室原理样机的集成和测试,验证了技术应用的功能特性,技术方案和途径可行	① 针对应用背景,明确了预期产品的目标和总体要求; ② 提出了预期产品的技术方案和途径; ③ 完成实验室样品/部件/功能模块设计、加工和评定,主要指标满足总体要求; ④ 实验室样品/部件/功能模块集成于实验样机,验证了技术应用的功能特性; ⑤ 通过原理样机测试,验证了技术方案和途径的可行性; ⑥ 提出了演示样机的总体设计要求

续表

等级	等级描述		等级评价标准
5	部件/功能模块通过典型模拟环境的测试验证	针对演示样机总体要求,完成了主要部件/功能模块的设计与加工,通过典型模拟环境的测试验证,功能和性能指标满足要求。典型模拟环境能体现一定的使用环境要求	① 完成演示样机总体设计,明确样品/部件/功能模块等功能、性能指标和内外接口等要求; ② 完成样品/部件/功能模块等设计,设计指标满足总体要求; ③ 完成工装和加工设备实验室演示,初步确定关键生产工艺; ④ 完成样品/部件/功能模块等加工,满足设计要求; ⑤ 初步确定关键材料和器件,满足样品/部件/功能模块等验证要求; ⑥ 样品/部件/功能模块等试验验证环境满足典型模拟环境要求; ⑦ 样品/部件/功能模块等通过典型模拟环境验证,功能和性能满足设计要求
6	以演示样机为载体通过典型模拟环境验证	针对演示样机的验证要求,完成了演示样机的集成,通过典型模拟环境下的演示验证,功能和性能指标满足要求,工程应用可行性和实用性得到验证。典型模拟环境能体现使用环境要求	① 完成样品/部件/功能模块等典型环境验证,功能和主要性能满足总体要求; ② 完成演示样机设计,设计指标满足总体要求; ③ 基本确定关键生产工艺规范,工艺稳定性基本满足要求; ④ 基本确定关键材料和器件,通过工程应用可行性分析; ⑤ 完成演示样机加工,满足设计要求; ⑥ 演示样机试验验证环境满足典型模拟环境要求; ⑦ 演示样机在典型模拟环境验证通过试验考核,功能和性能满足设计要求

等级		等级描述	等级评价标准
7	以工程样机为载体通过典型使用环境验证	针对实际使用要求,完成了工程样机的集成,通过典型使用环境下的考核验证,功能和性能指标全部满足典型使用要求	① 针对使用要求,明确了战术技术性能要求; ② 完成工程化样品/部件/功能模块等典型模拟或使用环境验证,功能和性能满足使用要求; ③ 完成工程样机详细设计,设计指标满足全部使用要求; ④ 工艺稳定,工艺文件完整,具备试生产条件; ⑤ 关键材料和器件质量可靠,保障稳定; ⑥ 完成工程样机加工制造,满足设计要求; ⑦ 工程样机试验验证环境满足典型使用环境要求; ⑧ 工程样机在典型使用环境下通过试验考核,功能和主要性能全部满足典型使用要求
8	以生产样机为载体通过使用环境验证和试用	针对实际使用要求,完成了生产样机的集成,通过实际使用环境下的考核验证,战技指标全部满足实际使用要求,性能稳定、可靠	① 产品化样品/部件/功能模块的功能和结构特性达到实际产品要求; ② 生产工艺达到可生产水平,具备生产条件; ③ 材料和器件等有稳定的供货渠道; ④ 完成生产样机生产,功能和结构特性达到使用环境要求; ⑤ 生产样机试验验证环境满足使用环境要求; ⑥ 工程样机在使用环境下通过定型试验和试用,战技指标全部满足实际使用要求
9	以产品为载体通过实际应用	技术以其最终的产品应用形式,通过实际使用验证,战技指标全部满足要求,具备批量稳定生产能力和使用保障能力	① 产品具备使用保障能力; ② 产品具备批量稳定生产能力和质量保证能力; ③ 完成用户培训; ④ 完成全产品演示; ⑤ 产品通过了实际使用环境和任务环境的考核验证,应用设想得到成功实施

2）主要方法

利用技术就绪水平方法进行技术成熟度评估,实际上就是评估问卷调查计算法,是一种定性与定量相结合的方法。每一个等级由一组相应的问题组成,这些问题构成了技术达到这一成熟度等级的衡量标准。该方法的关键是恰当地编制问卷的问题,使之能充分反映相应成熟度等级的特征,这项评估是通过一系列选择题来完成的,因此选择题数量以及质量测定对评估的准确性影响较大。另外,聘请的专家的专业技术水平、对相关领域的了解程度,以及评估时的态度都对该方法也有一定的影响。

7.3　基于成熟度等级的舰船技术保障装备能力评估的可行性分析

无论是能力成熟度模型还是技术成熟度模型,均是将过程描述为多个不同的等级,并赋予一定条件的描述。通过适当地归入不同的等级,可以明确当前所处的能力水平、技术状态,从而确定对应的管理措施,从而实现对整个管理过程的优化。

舰船技术保障装备品种、数量众多,难以逐个去评价单个舰船技术保障装备对整个舰船技术保障装备体系的影响,因此这里采用相对宏观的指标去衡量舰船技术保障装备的配置水平和需求程度,即采用对舰船技术保障装备能力水平的分级制度。

舰船技术保障装备能力处于不同的水平,相应地对舰船技术保障装备投入能够产生的效果也具有显著不同的水平。因此,从舰船技术保障装备体系的角度来说,应该从整体的角度考虑各种能力的均衡发展,一方面可以提高舰船技术保障装备体系的整体水平,另一方面可以提高经费投入的效用。

按照技术成熟度评估模型,技术成熟度可以由生长曲线进行描述,并且有一定的成熟度极限。与此相类似,舰船技术保障装备能力水平也随着投入水平的增加而提高,但增加的幅度不断变化,呈现出生长曲线的特点,并最终到达一定极限值后不再提高。

7.4　基于成熟度等级的舰船技术保障装备能力评估模型

根据前面的描述,这里选用 Logistic 方程描述舰船技术保障装备能力指标的变化。

$$y = \frac{y^*}{1 + e^{-b(t-\tau)}} \tag{7.1}$$

式中,b 为 S 曲线的形状参数;τ 为 S 曲线的位移参数。

在舰船技术保障装备能力的评估过程中,舰船技术保障人员通过直观感受以及与先进技术领域的对比,往往能够清楚各项舰船技术保障装备配置目前处于什么阶段、对应的等级,再根据对应关系,大致估算出舰船技术保障能力水平的数值。

技术就绪水平根据不同时期的定义,把技术成熟度分为 9 个等级。在前面的研究中,y_c 的值定义在 0~1,考虑对其进行等分,即每 0.1 个长度为一个等级,每个分割点属于下一等级,这样就可以得到 10 个等级。把这样的划分对应到 S 曲线上,第 1 级为技术刚刚起步,第 10 级为技术完全成熟,在第 1 级和第 10 级之间,技术经过了两个发展拐点,第 1 个拐点是从起步转化为快速发展阶段,第 2 个拐点出现在发展阶段转化为逐渐成熟阶段,下面根据综合 S 曲线模型推导这两个拐点。

根据技术发展的 S 曲线模型公式,对其求一阶、二阶和三阶导数,分别得到式(7.3)、式(7.4)和式(7.5),上述四个方程的图形表示如图 7.6 所示。由此,根据 S 曲线三阶导数等于 0,即 $e^{2b_c(-t+t_c)} - 4e^{b_c(-t+t_c)} + 1 = 0$,可以计算出两个拐点的时间,如式(7.6)所示。把式(7.6)的结果代入式(7.2)中,得到两个拐点时的技术成熟度,如式(7.7)所示。这里有一个有意思的现象,第 1 个拐点在 $y_{c,1} = 0.2114 y_c^*$ 处,第 2 个拐点在 $y_{c,2} = 0.7887 y_c^*$ 处,拐点的位置只与技术的上限有关,而与模型具体的参数无关。第 1 个拐点是技术加速发展的标志,应进一步加大投入,获得更多的收益,将这个点称为第 1 次投资点;当达到第 z 个拐点后,技术发展已经很缓慢,对该技术进一步投入的收益已经不大,应考虑发展新的替代技术或转向其他技术的投资,将这个点称为投资转移点。从而,得到这样的结论,技术处于技术成熟度第 3 级就进入了快速发展时期,当技术成熟度达到 8 级时,该技术已经趋于成熟,可以推广使用。

$$y_c = \frac{y_c}{1 + e^{-b_c(t-\tau_c)}} \tag{7.2}$$

$$\frac{\mathrm{d}y_c}{\mathrm{d}t} = \frac{y_c^* b_c e^{b_c(-t+\tau_c)}}{[1 + e^{b_c(-t+\tau_c)}]^2} \tag{7.3}$$

$$\frac{\mathrm{d}^2 y_c}{\mathrm{d}t^2} = \frac{y_c^* b_c^2 e^{b_c(-t+\tau_c)}[e^{b_c(-t+\tau_c)} - 1]}{[1 + e^{b_c(-t+\tau_c)}]^3} \tag{7.4}$$

$$\frac{\mathrm{d}^3 y_c}{\mathrm{d}t^3} = \frac{y_c^* b_c^3 e^{b_c(-t+\tau_c)}[e^{2b_c(-t+\tau_c)} - 4e^{b_c(-t+\tau_c)} + 1]}{[1 + e^{b_c(-t+\tau_c)}]^4} \tag{7.5}$$

$$t = \begin{bmatrix} \dfrac{b_c\tau_c - \ln(2+\sqrt{3})}{b_c} \\ \dfrac{b_c\tau_c - \ln(2-\sqrt{3})}{b_c} \end{bmatrix} \tag{7.6}$$

$$\begin{bmatrix} y_{c,1} \\ y_{c,2} \end{bmatrix} = \begin{bmatrix} \dfrac{y_c^*}{3+\sqrt{3}} \\ \dfrac{y_c^*}{3-\sqrt{3}} \end{bmatrix} \tag{7.7}$$

再由 S 曲线方程的二阶导数等于 0,即 $e^{b_c(-t+t_c)} - 1 = 0$,可得当 $t = \tau_c$ 时,技术发

展的速率达到最高,在这以后发展速率逐渐下降。将 $t = \tau_c$ 代入式(7.2)中,有 $y_c = \frac{1}{2} y_c^*$,即当技术发展到上限的一半时,其发展速度开始下降,此时的技术成熟度等级为 5 级,但还有一定的发展空间,可进一步对该技术进行投入,将这个点称为第 2 次投资点。

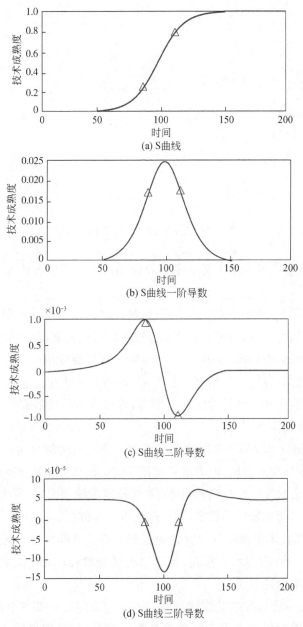

图 7.6　Logistic 曲线及其派生曲线图形

对应于上述第 1 次投资点、第 2 次投资点和投资转移点,把技术的生命周期划分为四个阶段,即初始期、发展期、成熟期和稳定期,分别对应于技术在不同时期的发展状态,如图 7.7 所示。

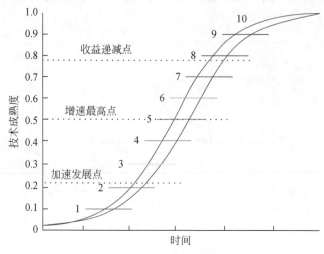

图 7.7　技术成熟度 S 曲线知识图

为了便于舰船技术保障人员确定当前舰船技术保障装备的能力水平,将其分为四个阶段。

阶段 1:舰船技术保障装备配置的初始期。将其继续细分为两个等级,等级 1 表示初步发展,能力非常弱;等级 2 表示经过一段时间发展,能力水平逐步提升。

阶段 2:舰船技术保障装备配置的发展期。将其继续细分为三个等级,等级 3 表示发展期的初期,经历了初始期的积累后,能力水平快速发展;等级 4 表示发展期的中期,此时能力水平增长速度还在提高;等级 5 表示发展期的后期,能力水平增长速度接近最高值。

阶段 3:舰船技术保障装备配置的成熟期。将其继续细分为三个等级,等级 6 表示成熟期初步显现的阶段,能力水平增长速度由最高值开始回落;等级 7 表示成熟期的中期,能力水平已经达到较高水平,增长速度继续回落;等级 8 表示成熟期的后期,能力水平接近最后的稳定,增长速度进一步放缓。

阶段 4:舰船技术保障装备配置的稳定期。将其继续细分为两个等级,等级 9 表示稳定期的初期,能力水平很高,但仍然在缓慢增长;等级 10 表示稳定期的后期,能力水平基本保持不变。

某些舰船技术保障装备的配置可能并不一定会经历全部四个阶段和 10 个等级,如电子设备的舰船技术保障装备综合集成度高,往往配置后即可达到较高水平,但对应的经费投入也是相当可观的。

随着舰船技术保障的发展、使命任务要求的不断提高,舰船技术保障装备虽然没有发生变化,但能力水平将会逐渐降低。

对于不同的舰船技术保障装备,各个阶段对经费投入的敏感程度可以通过分析近年来的情况进行估算。

参 考 文 献

[1] 田军,邹沁,汪应洛. 政府应急管理能力成熟度评估研究[J]. 管理科学学报,2014,17(11): 97—108.

[2] Merriam-Webster I. Merriam-Webster's Collegiate Dictionary[M]. Springfield:Merriam. Webster,2004.

[3] 杨良选. 技术成熟度多维评估模型研究[D]. 长沙:国防科学技术大学,2011.

[4] Little A D. The Strategic Management of Technology[M]. Cambridge:Harvard Business School Press,1981.

[5] 安茂春,王志健. 国外技术成熟度评价立法及其应用[J]. 评价与管理,2008,6(2):1—3.

[6] 王吉武,黄鲁成,卢文光. 基于文献计量的新兴技术商业化潜力客观评价研究[J]. 现代科技管理,2008(5):69—70.

[7] 刘玉琴,朱东华,吕琳. 基于文本挖掘技术的产品技术成熟度预测[J]. 计算机集成制造系统,2008,14(3):506—510.

第8章 舰船维修保障装备体系演化的系统动力学分析

8.1 系统动力学基本理论

8.1.1 系统动力学概述

系统动力学始创于 1956 年,是一门分析研究信息反馈系统的学科,主要用来研究社会、经济、生态和生物等一类具有高度非线性、高阶次、多变量、多重反馈、复杂时变特点的大系统的问题。研究对象主要是具有内部动态结构与反馈机制的开放系统[1]。可以应用于如下方面。

(1) 宏观经济分析:国家、地区、城市和产业发展分析;企事业单位的管理决策:业务流程重组、全面质量管理、战略规划、资源合理配置、财务分析、情景分析和人力资源规划等。

(2) 教学:大、中、小教学模式的改进。

本章运用系统动力学对舰船装备维修保障设备配置评价进行分析,能够更直观地反映各影响因素之间的因果联系,对维修保障设备资源配置的问题提供依据。

系统动力学是研究复杂系统动态特性或行为的学科。系统动力学的方法是以系统思考理论为基础,以计算机仿真技术为手段,用于研究复杂系统的定量方法。用定性的因果环图表达和分析问题,为系统动力学建立模型打下基础。用系统动力学方法建立定量模型,通过模拟计算实现对系统结构产生的系统行为的正确理解,通过模拟试验找出科学解决问题的正确方案,正是系统思考的正确方法。系统动力学自创立以来,已成功地应用于企业、城市、地区、国家甚至世界规模的战略与决策分析中,被誉为"战略与决策实验室"。系统动力学模型从本质上讲是带时间滞后的一阶微分方程组的差分表示,由于建模时借助于流程图,其中积累、流率和其他辅助变量都具有明显的物理意义,因此可以说是一种形同实际的建模方法。与其他建模方法相比,系统动力学具有下列特点:

(1) 它建的模型属于管理型模型,用比较手法找出哪种解决方案最好。特别适用于处理精度要求不高的复杂的社会经济问题。

(2) 它的目标不是追求对未来的准确预报,而是有条件的预测。强调产生结果的条件,采用"如果……那么"的形式。通过试验不同策略所达到的效果,达到深化对真实世界的正确理解,评估自己所作假设和设想策略所达到的效果的一致性,为预测未来提供了新的手段。

（3）它关注系统结构决定系统行为的原理，由此可知系统中每个因素的作用，评估系统中不同部分做出的不同行动将如何增强或消减系统行为的趋势。这与经济学采用的方法完全不同。经济学的方法是引用相互间独立的变量的历史数据，用统计学方法确定这些变量与系统参数形成的方程，描述系统行为，不需要考虑因素之间的内在关系。

（4）它适用于对数据不足的问题进行研究。建模中常常遇到数据不足或某些变量难以量化的问题，系统动力学借助各主要因素间的因果关系、有限的数据及一定的结构仍可进行推算分析。

（5）它注重策略的长期效果，因为自然界的生态平衡、人的生命周期、经济和社会中的危机问题等都呈现周期性规律并需要通过较长的历史阶段才能观察到。要理解长期效果，只有找出能产生任何可能变化的一些主要因素才行。最理想的状况是，做到系统要在应机制的理解，做出对其机制的较为科学的理解。

系统动力学模型中的描述方程常常是高阶、非线性、动态的，应用一般数学方法很难求解，但借助计算机及仿真技术能获得主要信息。

8.1.2　系统动力学正反馈、负反馈定义

反馈是系统动力学中的概念，反馈回路的基本特征是原因和结果的地位具有相对性。系统动力学认为，系统的性质和行为完全取决于系统中存在的反馈回路。正反馈，是指一个量的增加导致"滚雪球"效应，使该量继续增加，通常速度越来越快。正反馈使强者更强，弱者更弱，从而引起极端的结果。与正反馈相反，负反馈是随时间变化而趋于稳定；在负反馈系统中，强者变弱，弱者变强[2]。正是这两种反馈之间的相互作用赋予了自然界、社会系统和生理系统丰富的动态特性，也正是这种相互作用使过程的结构模型也具有动态性。学会辨别增强型反馈环和平衡型反馈环是建立过程结构模型的一项重要技能。

反馈关系是一种封闭的因果循环，通常从栈到流，再返回到栈。这是因为栈是条件，条件一旦成熟，就会产生行动或者行动流，流反过来又改变条件。这一过程的简单因果关系如图 8.1 所示。如果对反馈关系进一步观察，就会发现并不仅仅是条件激发行动，有时行动是为了追逐目标引起的，如图 8.2 所示。

图 8.1　简单因果关系

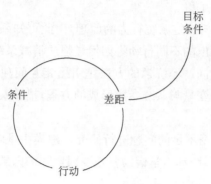

图 8.2　具有目标的因果关系

8.1.3　因果环图中的记号

因果回路图是表示系统反馈结构的重要工具,它可以迅速表达关于系统动态形成原因的假说,引出并表达个体或团体的心智模型。

一张因果回路图包含多个变量,变量之间由标出因果关系的箭头连接。在因果回路图中也会标出重要的反馈回路[3]。图 8.3 列举了一个例子,并且对主要符号做出了解释。

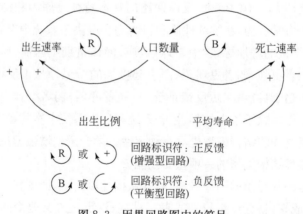

图 8.3　因果回路图中的符号

变量由因果链联系,因果链由箭头表示。在本例中,出生速率由人口数量和出生比例决定。每条因果链都具有极性,或者为正(+)或者为负(-),该极性指出了当独立变量变化时,相关变量会如何随之变化。重要回路用回路标识符特意标出,以显示回路为正反馈(增强型)还是负反馈(平衡型)。注意,回路标识符与相关回路朝同一个方向绕圈。表 8.1 概要说明了因果链极性的定义。

表 8.1　因果链极性定义

符号	解释
	在其他条件相同的情况下,如果 X 增加(减少),那么 Y 增加(减少)到高于(低于)原所应有的量。在累加的情况下,X 加入 Y
	在其他条件相同的情况下,如果 X 增加(减少),那么 Y 减少(增加)到低于(高于)原所应有的量。在累加的情况下,X 从 Y 中扣除

绘制因果回路图需遵循以下原则:

(1) 因果回路图中每个链条都必须代表变量之间存在因果关系,而不是变量之间存在相关关系。

(2) 一定要为图中的每一条因果链标注极性。

(3) 指出因果链中的重要延迟。

8.2　系统边界确定

舰船技术保障装备优化配置主要包括的对象为舰船装备、舰船技术保障任务、舰船技术保障装备和舰船技术保障能力等。

根据是否直接针对舰船装备本身,可以将舰船技术保障装备分为两类:第一类是直接面向舰船系统的舰船技术保障活动的装备,形成型号相关舰船技术保障装备体系;其他舰船技术保障装备归属第二类,包括舰船技术保障指挥通信、舰船技术保障器材存储、舰船技术保障人员训练等活动中需要的装备,形成舰船技术保障装备基础体系。

第一类舰船技术保障装备构成仍然非常多,需求分析还需要进一步细化。具体可以从舰船型号、舰船系统、通专用三个维度进行分解。本节主要从通用和专用维度进行划分。

第二类舰船技术保障装备虽然不直接参与舰船技术保障任务,但它们的能力水平影响到第一类舰船技术保障装备配置对能力水平的提高速度。事实上,舰船技术保障人员训练装备配置水平高,人员能力强,则保障能力本身处于较高水平;同样的,舰船技术保障指挥装备、器材保障装备水平不同,相应的保障能力水平及能力提升速度也有差别。

舰船装备随着时间的推移,服役时间不断增加,相应的舰船技术保障任务不断增多,技术保障难度也在不断增加,导致舰船技术保障能力逐步下降;与此同时,每年有一定量的老旧舰船退役和新型舰船入役,新型舰船的引入对舰船技术保障提出了更高的要求。因此,舰船技术保障装备建设需要不断适应舰船装备的发展变化,否则随着时间的推移,舰船技术保障能力将逐渐下降,难以满足舰船技术保障任务要求。

因此,依据舰船装备和舰船技术保障任务的变化而不断调整舰船技术保障装备体系建设,才能确保舰船技术保障能力的提升。从体系的角度来说,舰船技术保障装备建设需要合理规划每年投入的规模、不同类型舰船技术保障装备分配的比例水平,确保舰船技术保障能力水平能够在有限的经费情况下发挥最大的效用。

通过舰船技术保障系统内部各要素之间的关系,可以得出系统的因果关系如图 8.4 所示。模型中仅考虑舰船装备、舰船技术保障装备投入等对舰船技术保障能力变化的影响。

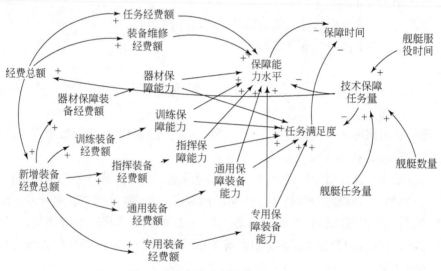

图 8.4　舰船技术保障体系因果关系

根据上述因果关系分析,可以应用 Vensim 软件构建相应的存量流量图[4],如图 8.5 所示。舰船装备及舰船技术保障任务的变化,使得在现有的经费策略下,为了保证舰船技术保障能力,需要相应地调整经费增长额度。与此同时,为了在有限的经费内尽可能提高舰船技术保障能力,可以采取经费优化分配的策略,如通过首先提高舰船技术保障人员能力,从而改变舰船技术保障装备对能力的影响水平,在此基础上再增加第一类舰船技术保障装备投入水平。

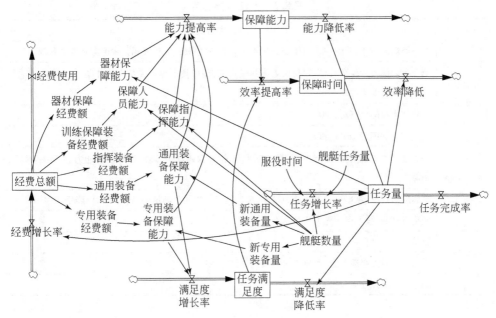

图 8.5　舰船技术保障体系系统动力学模型

8.3　模型仿真分析

舰船技术保障装备体系建设在满足不断增加的舰船和舰船技术保障任务的同时,需要提高舰船技术保障能力,以适应外界环境和使命任务需求。

8.3.1　模型参数估计

为了对相关参数进行量化,引入生长曲线。

根据当前的实际能力水平,采用专家打分的综合评估方法,可以给出当前各个类型舰船技术保障装备能力水平以及对应的总能力水平、任务满足度、保障效率等指标,并按照变量之间的函数关系对模型参数进行赋值,然后应用某 10 年数据对模型相关参数进行检验,可以得出参数设置的合理性、有效性。

本节对相关数据进行脱密处理,仅从方法的角度对问题进行分析。系统边界确定见表 8.2,模型的初值如表 8.3 所示。

表 8.2 系统边界确定

系统大类	具体包含的变量
舰船技术保障装备	第一类舰船技术保障装备:通用舰船技术保障装备经费额、专用舰船技术保障装备经费额
	第二类舰船技术保障装备:器材保障装备经费额、舰船技术保障人员训练装备经费额、舰船技术保障指挥装备经费额
	舰船技术保障经费增长率
	舰船技术保障经费分配策略
舰船技术保障能力	分类度量指标:器材保障能力、训练保障能力、指挥保障能力、通用保障装备能力、专用保障装备能力
	整体度量指标:舰船技术保障能力水平、舰船技术保障任务满足度、舰船技术保障平均时间
	变化量:舰船技术保障能力增长率
舰船技术保障任务	舰船技术保障任务量
	影响任务量的舰艇数量、舰艇服役时间、舰艇任务量
	舰船技术保障任务量增长率

表 8.3 舰船技术保障体系模型参数描述表

模型变量	名称	代表含义	表达式
TASK	任务量	初值	$=100$
TASKg	任务增长率	随时间变化	$=(STIME-15.2)\times TASK/30+(ShipNUM-234)/1000$
STIME	服役时间	随时间变化(列表)	$= WITHLOOKUP\ (Time,\ ((2006,15.2),$ $(2007,15.4),(2008,15.7),(2009,16.0),$ $(2010,16.2),(2011,16.4),(2012,16.6),$ $(2013,16.7),(2014,16.9),(2015,17.1)))$
ShipNUM	舰艇数量	随时间变化(列表)	$= WITHLOOKUP\ (Time,\ ((2006,234),$ $(2007,238),(2008,244),(2009,250),(2010,$ $259),(2011,265),(2012,272),(2013,276),$ $(2014,281),(2015,286)))$
SSAT	任务满足度	初值	$=0.7468$
SSATg	满足度增长率	受能力大小影响	$=UECAP\times 0.3+SECAP\times 0.7$
SSATr	满足度降低率	受任务量影响	$=(TASK-96)/TASK$
UCAP	通用保障能力	初值	$=0.7318$
UCAPg	能力提高率		
UCAPr	能力降低率		$=(TASK-94)/TASK$
SupTIME	保障时间	初值	$=6.4h$

续表

模型变量	名称	代表含义	表达式
SupTIMEg	保障效率提高率		
TotalCOST	经费总额	初值	＝10000 万元
TotalCOSTg	经费增长率	随时间变化(列表)	＝ WITHLOOKUP（Time，（（2006，0.12），（2007，0.16），（2008，0.18），（2009，0.15），（2010，0.15），（2011，0.20），（2012，0.23），（2013，0.19），（2014，0.28），（2015，0.25）））
ECOST	器材保障经费额	按比例分配	＝6.5%
ECAP	器材保障能力	初值	＝0.80
TCOST	训练保障经费额	按比例分配	＝17.6%
TCAP	训练保障能力	初值	＝0.63
CCOST	指挥保障经费额	按比例分配	＝3.8%
CCAP	指挥保障能力	初值	＝0.74
UECOST	通用保障装备经费	按比例分配	＝32.4%
UECAP	通用保障装备能力	初值	＝0.81
SECOST	专用保障装备经费	按比例分配	＝39.7%
SECAP	专用保障装备能力	初值	＝0.71
INITIAL TIME	初始时间	年份	＝2006
FINAL TIME	仿真结束时间	年份	＝2020
TIME STEP	时间步长	年度	＝1
UNIT OF TIME	时间单位	年	

舰船技术保障对应的各种能力水平主要采用主观评价的方法。能力水平的变化呈现出生长曲线的规律。我们把能力发展变化的生命周期划分为四个阶段，即初始期、发展期、成熟期和稳定期[5,6]，分别对应于能力在不同时期的发展状态。具体方法见第 7 章。

生长曲线的模型采用如下形式：

$$y = \frac{y^*}{1 + ae^{-b(t-\tau)}} \tag{8.1}$$

式中，b 为 S 曲线的形状参数；τ 为 S 曲线的位移参数。由于曲线均表示能力，因此 $y^* = 1$。

根据现有数据的收集与整理，可以确定的各舰船技术保障能力指标参数如表 8.4 所示。舰船技术通用保障能力提高率受到的影响因素较多，舰船技术保障各类装备的能力都将对其产生影响，并且部分影响具有延迟性。

表 8.4　舰船技术保障体系模型初值

模型变量	参数	对应增长率	时间延迟
ECAP	$a=100,b=0.09\sim0.22$	5%～50%	否
TCAP	$a=200,b=0.1\sim0.18$	8%～65%	2 年
CCAP	$a=80,b=0.12\sim0.28$	4%～60%	1 年
UECAP	$a=160,b=0.11\sim0.23$	8%～70%	0.5 年
SECAP	$a=130,b=0.12\sim0.27$	10%～70%	0.5 年
UCAP	$0.4(0.2ECAP+0.5TCAP+0.3CCAP)+0.6$ $(0.7UECAP+0.3SECAP)P_1$	$E=0.2ECAP+0.5TCAP+0.3CCAP$; $F_1=0.7UECAP+0.3SECAP$; $F_2=0.45UECAP+0.55SECAP$;	
SSAT	$0.4(0.2ECAP+0.5TCAP+0.3CCAP)+0.6$ $(0.45UECAP+0.55SECAP)P_2$	$P_1=1+(F_1\cdot E)/F_1$; $P_2=1+(F\cdot E_2)/F_2$	

　　人们将舰船器材保障能力、舰船训练保障能力和舰船指挥保障能力三者定义为基础能力。如果基础能力小于通专装能力,那么需要提高经费比例,才能达到预期的效果;反之,如果基础能力大于通专装能力,那么不需要调整。

　　投入增长率不同,相应的生长曲线对应的时间跨度有区别,如图 8.6 所示。另外,每项内容的经费投入都有一定的变化区间,才能保证其按照生长曲线的规律进行变化,低于一定的增长率时,能力值将不断下降。

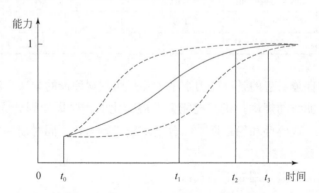

图 8.6　舰船技术保障能力水平增长与经费增长率之间的关系

8.3.2　模型仿真运行

　　本节采用系统动力学仿真软件 Vensim 对所构建的模型进行仿真和政策评估。模型的仿真将主要围绕采用什么样的投入分配策略能够最大限度地提高总体的保障能力水平。

分析当前各类能力水平,可以发现:

(1) 舰船技术保障人员能力当前处于相对较低的水平,所以投入后将有增长;而且投入量较大;增长有时间延迟。

(2) 舰船技术保障指挥能力当前处于相对较低的水平,投入后增长较快;但投入量需要较大;基本没有时间延迟。

(3) 器材保障能力处于比较高的水平,因此投入较大后才有一个相对小的提升,但没有时间延迟;对整体能力的影响有限。

(4) 通用保障装备:一部分用于维持当前通用保障装备的使用和任务完成,另一部分用于采购新的通用保障装备。需要划定通用保障装备与专用保障装备所占比例及对能力影响的比例。通用保障装备采购数量大,对能力提升有影响。

(5) 专用保障装备:一部分用于维持当前专用保障装备的使用和任务完成,还有一部分用于采购新的专用保障装备。专用保障装备有刚性需求,有一部分必须优先得到满足。

因此,如果将保障经费在前期优先满足训练保障经费,提高其增长率,那么在后期能力水平将快速增长,其速度将超出现有比例条件下的能力水平。另外,考虑到经费一般按照五年进行规划,在每个五年规划中前 2～3 年先满足训练保障经费,后两年重点进行通用、专用保障装备配置,也将能够取得较好效果。

仿真结果如图 8.7 所示,图 8.7(a)中曲线 B 表示当前策略下的能力变化情况;曲线 C 表示按照优先保证训练保障经费,初期能力增长率较低,但后期发展速度较快,主要原因在于训练保障经费产生效果后,训练保障能力的提升对整体的能力产生非常积极的影响。图 8.7(b)中曲线 D 表示按照五年规划,每个五年规划中,前三年优先保证训练保障经费,能力增长呈现出波动的态势,但总的效果仍要优于现有的分配策略。

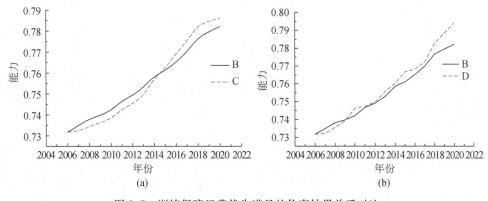

图 8.7　训练保障经费优先满足的仿真结果前后对比

参 考 文 献

[1] 王其藩. 系统动力学[M]. 北京:清华大学出版社,1994.

[2] 孟光,张文明. 系统动力学原理及应用[M]. 上海:上海交通大学出版社,1993.

[3] 胡玉奎. 系统动力学[M]. 杭州:浙江人民出版社,1988.

[4] 杨浩雄,李金丹,张浩,等. 基于系统动力学的城市交通拥堵治理问题研究[J]. 系统工程理论与实践,2014,34(8):2135—2143.

[5] 任长晟. 武器装备体系技术成熟度评估方法研究[D]. 长沙:国防科学技术大学,2010.

[6] 杨良选. 技术成熟度多维评估模型研究[D]. 长沙:国防科学技术大学,2011.

第9章 舰船维修保障装备分层配置问题

9.1 影响舰船维修保障装备保障能力的因素

从舰船技术保障装备体系多视图模型中各个视图的相互关系中可以得出影响舰船技术保障装备保障能力的因素,如表 9.1 所示。

表 9.1 技术保障装备结构视图中对保障能力发挥的影响因素

视图	对技术保障装备的要求	影响保障能力的因素
系统视图	保障装备具有对多系统的维修能力以及处理多装备同时故障的能力	维修人员能力、装备维修能力、维修装备数量、装备消耗费用、装备经费
组织视图	保障装备能够发挥在活动中的作用	维修人员能力
过程视图	保障装备能够完成故障的整体维修任务	装备维修能力、维修装备数量
任务视图	保障装备能够发挥自身要求的保障功能	故障维修难度、备件供应
装备视图	保障装备应具有良好的工作性能	装备维修能力、装备经费、可靠性
资源视图	操作保障应符合相关要求	维修人员能力

由此可得出,影响舰船技术保障装备保障能力的因素主要有故障维修难度、维修人员能力、装备维修能力、维修装备数量、装备消耗费用、装备经费、维修时间可靠性等。

1. 故障维修难度

故障维修难度是根据故障装备恢复正常工作状态进行的维修活动中,对维修装备、维修人员能力的不同要求划分的,故障维修需要的维修装备维修能力越高,故障难度越高,相反,需要的维修装备维修能力越低,故障难度越低。

根据目的与时机的不同,维修活动可划分为预防性维修、修复性维修、战场抢修和改进性维修。本节主要研究的是修复性维修。在修复性维修过程中,维修的环节为检测—故障定位—拆卸—修理—安装—调试,为方便研究,本节将维修环节简化为检测定位—拆卸—修理—安装调试四个环节。

根据故障维修难度的不同,将舰船装备发生的故障分为 A、B、C 三个等级,A级故障等级为最低,需要的维修装备维修能力最低,C 级故障等级最高,需要的维修装备维修能力最高,B级居于两者之间。需要说明的是,发生故障的装备在维修各个环节的故障维修难度等级是不同的,有些故障装备可能检测定位比较容易,为A级故障难度,但修理可能比较难,为C级故障难度,因此在对一个故障装备进行故障维修难度评级时,需根据四个维修环节中故障等级最高级为标准进行评定。

2. 维修人员能力

维修人员能力是指维修人员对不同故障进行维修使其恢复正常工作状态的能力。受装备更新、受培训程度、工作经验等因素的影响,维修人员的维修能力存在较大差别。

在分析过程中,会出现某个维修人员可能对机械类装备的维修能力较强,对电子类装备的维修能力较低,因此在判断某一个维修人员维修能力时需分析的数据较大,为简化分析,在本节中假定一个维修人员对所有装备的维修能力都是相同的,每个人的维修能力只受受培训程度和工作经验的影响。

在每一级保障力量中基本都会有工作经验十分丰富的维修人员,也会存在工作经验较少的维修人员,因此在整体判断某一级保障力量维修人员的维修能力时,可假定取该保障力量维修人员维修能力的平均值,由于三级保障力量维修人员的维修经验都与相应的维修装备对应,本身不存在较大差别,因此假设三级保障力量维修人员的维修经验是相同的,维修能力只与受培训程度有关。

在三级保障力量中,基地级维修人员相对受培训程度较高,完成故障维修任务的概率较大,基层级维修人员受培训程度较低,完成故障维修任务的概率较低。因为每个故障装备的故障等级有所差别,所以同一级维修人员完成不同故障等级维修任务的概率也有很大区别。假设三级保障力量维修装备完全相同,在此前提下现分别列出基层级、中继级、基地级三级保障力量维修人员对不同故障等级受损装备完成维修任务的概率,如表9.2所示。

表 9.2　三级维修人员完成不同故障等级受损装备维修任务的概率

人员类型	A级故障	B级故障	C级故障
基层级维修人员	$L_1(0.8)$	$L_2(0.5)$	$L_3(0.05)$
中继级维修人员	$L_4(0.9)$	$L_5(0.8)$	$L_6(0.2)$
基地级维修人员	$L_7(0.95)$	$L_8(0.9)$	$L_9(0.8)$

3. 装备维修能力

装备维修能力是指维修装备对故障装备完成维修任务的能力,根据维修能力的不同,一般将维修装备分为Ⅰ、Ⅱ、Ⅲ级,Ⅰ级装备维修能力最弱,Ⅱ级装备维修能力较强,Ⅲ级装备维修能力最强。

根据使命任务的不同,三级保障力量配备的维修装备有很大差别,基地级由于使命任务较高,要求对所有舰船装备具有维修能力,因此Ⅰ、Ⅱ、Ⅲ级维修装备配备都较多,中继级要能进行装备中修和对基层级维修的支援,要求对大部分故障装备具有维修能力,因此多配备Ⅰ、Ⅱ级维修装备,基层级由于使命任务的不同,配备的维修装备多为Ⅰ级,且在各级保障力量中,维修装备的数量需达到一定数目后才能发挥该装备的维修能力,数目较少会影响装备整体的维修能力,使完成维修任务的概率降低。

假设三级保障力量维修人员能力完全相同,且配备的维修装备达到完全发挥维修能力的数量要求,在此前提下现列出Ⅰ、Ⅱ、Ⅲ级三级维修装备完成不同故障等级受损装备维修任务的概率,如表 9.3 所示。

表 9.3　三级维修装备完成不同故障等级受损装备维修任务的概率

维修装备级别	A 级故障	B 级故障	C 级故障
Ⅰ级维修装备	$V_1(0.7)$	$V_2(0.3)$	$V_3(0.02)$
Ⅱ级维修装备	$V_4(0.9)$	$V_5(0.7)$	$V_6(0.2)$
Ⅲ级维修装备	$V_7(0.95)$	$V_8(0.9)$	$V_9(0.8)$

4. 维修装备数量

在各保障力量中,某种维修装备是否能完全发挥其维修能力与该保障力量这种装备的数量存在较大联系。对于某种维修装备,在同一保障力量中达到某一数量值后,装备维修能力能够完全发挥,低于这一值时,装备维修能力会有所降低,且装备数量越少,维修能力越低。

对于基层级保障力量,维修装备多为Ⅰ级,且因为基层级力量装备种类较多,要求具备的相应维修装备种类和数量相对较多,所以相比基地级与中继级,基层级保障力量Ⅰ级装备是最多的。当基层级保障力量装备数目未达到一定数目时,完成保障任务的概率会有所降低。

对于中继级保障力量,维修装备多为Ⅰ、Ⅱ级,且决定是否能够完成使命任务的维修活动为Ⅱ级维修装备,因此在中继级保障力量中,Ⅰ、Ⅱ级维修装备的数量都会对完成维修任务的能力产生影响,且Ⅱ级维修装备的数量影响更大。

对于基地级保障力量,三级维修装备都必须具备,且决定是否能够完成使命任务的维修活动为Ⅲ级维修装备,因此在基地级保障力量中,Ⅰ、Ⅱ、Ⅲ级维修装备的数量都会对完成维修任务的能力产生影响,且Ⅲ级维修装备的数量影响更大。

5. 装备消耗费用

装备消耗费用是指保障装备在购买及日常工作维修等过程中的费用,包括设备费用、设备维修费用、训练费用等。设备维修费用是维修设备在三级保障力量间分配的重要限制因素,由于维修能力的不同,Ⅰ、Ⅱ、Ⅲ级维修装备的装备消耗费用具有很大差别,Ⅰ级装备消耗费用最低,Ⅲ级装备消耗费用最高。

6. 装备经费

装备经费是指用于购置维修装备、保障维修装备日常维护及训练的费用。装备经费的多少受国家经济发展及发展规划的制约,同时由于使命任务的不同,各时间段装备经费数目是不同的。本节中装备经费是特用于对三级保障力量维修装备进行购置、维护等的费用,假定装备经费各时间段的数目都是固定的。

7. 维修时间

维修时间是指保障力量完成维修任务所需要的时间,包括故障检测、装备后送、故障维修等活动所需时间,对于不同保障力量,维修时间的要求是不同的[8]。基层级响应时间最短,具有灵活、简便的特点,不存在故障装备后送问题,因此维修时间要求最短。中继级应具备对基层级维修的支援作用,要求对故障装备的维修时间较短。基地级更注重对故障装备具有综合维修能力,所需时间较长,因此维修时间较长。由于本节研究修复性维修而非战场抢修,对时间要求不是特别严格,在实际工作中维修时间基本都能够满足舰船日常训练要求,因此本节对维修时间不进行分析。

8. 可靠性

可靠性是指装备在规定的条件下和规定的时间内完成特定任务的能力,在研究过程中,可靠性和故障率是密不可分的,产品的可靠性一方面是在设计、制造过程中赋予的,另一方面则是环境、使用、维修的综合影响。对于某一装备,研究装备在一定时间内出现故障的概率需要做大量的数据统计与研究。在本节的研究中,为简化过程,假设某型舰船在一定时间内出现故障的概率是不变的,且对出现的故障进行维修难度等级评定,得到三级保障力量中 A 级故障、B 级故障、C 级故障出现的概率,如表 9.4 所示。

表 9.4　三级保障力量中 A 级故障、B 级故障、C 级故障出现的概率

维修级别	A 级故障	B 级故障	C 级故障
基层级	$N_1(0.8)$	$N_2(0.15)$	$N_3(0.05)$
中继级	$N_4(0.2)$	$N_5(0.7)$	$N_6(0.1)$
基地级	$N_7(0.05)$	$N_8(0.2)$	$N_9(0.75)$

在上述影响因素中,故障维修难度、维修人员能力、装备维修能力、维修装备数量、装备消耗费用、装备经费是影响舰船技术保障装备保障能力的重要因素。其中,故障维修难度不随其他因素的影响而变化。

装备维修能力受维修人员能力的制约,装备维修能力的发挥需要维修人员具备一定的专业技能,专业等级越高,装备维修能力发挥越完全,维修能力越强。但在实际研究中,对两者相互影响的大小进行定量分析存在较大困难,因此在本节中假设维修人员能力与装备维修能力不会相互影响,但都对保障力量的维修能力产生影响,影响保障力量完成维修任务的概率。

装备维修能力与维修装备数量存在因果联系。装备维修能力要完全发挥其维修能力,需要求维修装备数量达到一定数额,因此在一定限度内,维修装备数量越多,装备维修能力越强。对三级维修装备进行分析可得出,装备维修能力越强,维修装备数量要求越少。

装备维修能力的发挥受装备消耗费用的制约。装备消耗费用是装备维修能力得到保障的保证,装备消耗费用越少,维修装备得不到保养,装备维修能力越弱;相应的装备维修能力越强,在日常训练中的装备消耗费用越多。

维修装备数量受装备经费的制约。各时间段内装备经费越多,在装备消耗费用不发生较大变化时,装备数量越多。

9.2　舰船维修保障装备能力模型构建及求解

为提高三级维修体制对故障的维修能力,满足各级保障力量的使命任务,在一定装备消耗费用的限制下,通过构建舰船技术保障装备保障能力模型,可以在基地级、中继级、舰员级三级保障力量中合理分配Ⅰ、Ⅱ、Ⅲ级维修装备。

9.2.1　装备维修能力与装备数目关系分析

装备维修能力与维修装备数量为正反馈,维修装备数量增加,装备维修能力得到相应提升。因此,需要分别分析三级保障力量中装备维修能力与装备数目的关系。需要提前说明的是,Y_i、Z_i、T_i、a_i、b_i 等具体数据根据不同任务、装备、保障机

构等情况由专家打分或数据分析的方式得到。

1. 舰员级保障力量

设 $f_i(x_j)$ 表示舰员级保障力量中Ⅰ、Ⅱ、Ⅲ级维修装备维修能力发挥情况的函数,配备Ⅰ、Ⅱ、Ⅲ级维修装备的数目分别为 x_1、x_2、x_3。

当Ⅰ级装备数目 $x_1 \geqslant Y_1$ 时,Ⅰ级装备在舰员级完全发挥维修能力,$f_1(x_1)=1$;当 $x_1 \leqslant Y_2$ 时,将不可能完成维修任务,$f_1(x_1)=0$。为简化计算,假设装备维修能力的发挥与装备数目的变化是线性正相关关系,当 $x_1 \in (Y_2,Y_1)$ 时,$f_1(x_1)=a_1x_1+b_1$。

受实际维修费用及维修空间的限制,在实际工作中舰员级维修力量中对Ⅱ、Ⅲ级维修装备数量无最低要求。当Ⅱ级维修装备数量 $x_2 \geqslant Y_3$ 时,Ⅱ级装备在舰员级完全发挥维修能力,$f_2(x_2)=1$;当 $x_2 \in (0,Y_3)$ 时,$f_2(x_2)=a_2x_2+b_2$。

当Ⅲ级维修装备数量 $x_3 \geqslant Y_4$ 时,Ⅲ级装备在舰员级完全发挥维修能力,$f_3(x_3)=1$;当 $x_2 \in (0,Y_4)$ 时,$f_3(x_3)=a_3x_3+b_3$。因此有

$$f_1(x_1)=\begin{cases}0, & x_1 \leqslant Y_1 \\ a_1x_1+b_1, & Y_1 < x_1 < Y_2 \\ 1, & x_1 \geqslant Y_2\end{cases} \tag{9.1}$$

$$f_2(x_2)=\begin{cases}0, & x_2=0 \\ a_2x_2+b_2, & 0 < x_2 < Y_3 \\ 1, & x_2 \geqslant Y_3\end{cases} \tag{9.2}$$

$$f_3(x_3)=\begin{cases}0, & x_3=0 \\ a_3x_3+b_3, & 0 < x_3 < Y_4 \\ 1, & x_3 \geqslant Y_4\end{cases} \tag{9.3}$$

2. 中继级保障力量

设 $g_i(x_j)$ 表示中继级保障力量中Ⅰ、Ⅱ、Ⅲ级维修装备维修能力发挥情况的函数,配备Ⅰ、Ⅱ、Ⅲ级维修装备的数目分别为 x_4、x_5、x_6。

当Ⅰ级装备数目 $x_4 \geqslant Z_1$ 时,Ⅰ级装备在中继级完全发挥维修能力,$g_1(x_4)=1$;当 $x_4 \leqslant Z_2$ 时,将不可能完成维修任务,$g_1(x_4)=0$;当 $x_4 \in (Z_2,Z_1)$ 时,$g_1(x_4)=a_4x_4+b_4$。

当Ⅱ级维修装备数量 $x_5 \geqslant Z_3$ 时,Ⅱ级装备在中继级完全发挥维修能力,$g_2(x_5)=1$;当 $x_5 \leqslant Z_4$ 时,将不可能完成维修任务,$g_2(x_5)=0$;当 $x_5 \in (Z_4,Z_3)$ 时,$g_2(x_5)=a_5x_5+b_5$。

受实际维修费用及维修空间的限制,在实际工作中,舰员级维修力量对Ⅲ级维

修装备数量无最低要求。当Ⅲ级维修装备数量 $x_6 \geqslant Z_5$ 时,Ⅲ级装备在中继级完全发挥维修能力, $g_3(x_6) = 1$;当 $x_6 \in (0, Z_5)$ 时, $g_3(x_6) = a_6 x_6 + b_6$。因此有

$$g_1(x_4) = \begin{cases} 0, & x_4 \leqslant Z_2 \\ a_4 x_4 + b_4, & Z_2 < x_4 < Z_1 \\ 1, & x_4 \geqslant Z_1 \end{cases} \tag{9.4}$$

$$g_2(x_5) = \begin{cases} 0, & x_5 \leqslant Z_4 \\ a_5 x_5 + b_5, & Z_4 < x_5 < Z_3 \\ 1, & x_5 \geqslant Z_3 \end{cases} \tag{9.5}$$

$$g_3(x_6) = \begin{cases} 0, & x_6 = 0 \\ a_6 x_6 + b_6, & 0 < x_6 < Z_5 \\ 1, & x_6 \geqslant Z_5 \end{cases} \tag{9.6}$$

3. 基地级保障力量

设 $h_i(x_j)$ 表示基地级保障力量中Ⅰ、Ⅱ、Ⅲ级维修装备维修能力发挥情况的函数,配备Ⅰ、Ⅱ、Ⅲ级维修装备的数目分别为 x_7、x_8、x_9。

当Ⅰ级装备数目 $x_7 \geqslant T_1$ 时,Ⅰ级装备在中继级完全发挥维修能力, $h_1(x_7) = 1$;当 $x_7 \leqslant T_2$ 时,将不可能完成维修任务, $h_1(x_7) = 0$;当 $x_7 \in (T_2, T_1)$ 时, $h_1(x_7) = a_7 x_7 + b_7$。

当Ⅱ级维修装备数量 $x_8 \geqslant T_3$ 时,Ⅱ级装备在中继级完全发挥维修能力, $h_2(x_8) = 1$;当 $x_8 \leqslant T_4$ 时,将不可能完成维修任务, $h_2(x_8) = 0$;当 $x_8 \in (T_4, T_3)$ 时, $h_2(x_8) = a_8 x_8 + b_8$。

当Ⅲ级维修装备数量 $x_9 \geqslant T_5$ 时,Ⅲ级装备在中继级完全发挥维修能力, $h_3(x_9) = 1$;当 $x_9 \leqslant T_6$ 时,将不可能完成维修任务, $h_3(x_9) = 0$;当 $x_9 \in (T_6, T_5)$ 时, $h_3(x_9) = a_9 x_9 + b_9$。因此有

$$h_1(x_7) = \begin{cases} 0, & x_7 \leqslant T_2 \\ a_7 x_7 + b_7, & T_2 < x_7 < T_1 \\ 1, & x_7 \geqslant T_1 \end{cases} \tag{9.7}$$

$$h_2(x_8) = \begin{cases} 0, & x_8 \leqslant T_4 \\ a_8 x_8 + b_8, & T_4 < x_8 < T_3 \\ 1, & x_8 \geqslant T_3 \end{cases} \tag{9.8}$$

$$h_3(x_9) = \begin{cases} 0, & x_9 \leqslant T_6 \\ a_9 x_9 + b_9, & T_6 < x_9 < T_5 \\ 1, & x_9 \geqslant T_5 \end{cases} \tag{9.9}$$

由图 4.2 可以看出,维修人员能力与装备维修能力是正反馈关系,维修人员能力提高,装备维修能力得到相应提升。因此,需要在前期工作的基础上,分别分析三级保障力量维修任务的完成率。为简化计算,假设某级保障力量的任务完成情况与装备维修能力是线性正相关关系,用 L_i 表示。

1) 舰员级保障力量

设舰员级保障力量完成维修 A 级故障、B 级故障、C 级故障任务的概率分别为 M_1、M_2、M_3,配备 I、II、III 级维修装备的数目为 x_1、x_2、x_3,则有如下函数关系:

$$M_1 = L_1(f_1(x_1), f_2(x_2), f_3(x_3)) \tag{9.10}$$

$$M_2 = L_2(f_1(x_1), f_2(x_2), f_3(x_3)) \tag{9.11}$$

$$M_3 = L_3(f_1(x_1), f_2(x_2), f_3(x_3)) \tag{9.12}$$

2) 中继级保障力量

设中继级保障力量完成维修 A 级故障、B 级故障、C 级故障任务的概率分别为 M_4、M_5、M_6,配备 I、II、III 级维修装备的数目为 x_4、x_5、x_6,则有如下函数关系:

$$M_4 = L_4(g_1(x_4), g_2(x_5), g_3(x_6)) \tag{9.13}$$

$$M_5 = L_5(g_1(x_4), g_2(x_5), g_3(x_6)) \tag{9.14}$$

$$M_6 = L_6(g_1(x_4), g_2(x_5), g_3(x_6)) \tag{9.15}$$

3) 基地级保障力量

设基地级保障力量完成维修 A 级故障、B 级故障、C 级故障任务的概率分别为 M_7、M_8、M_9,配备 I、II、III 级维修装备的数目为 x_7、x_8、x_9,则有如下函数关系:

$$M_7 = L_7(h_1(x_7), h_2(x_8), h_3(x_9)) \tag{9.16}$$

$$M_8 = L_8(h_1(x_7), h_2(x_8), h_3(x_9)) \tag{9.17}$$

$$M_9 = L_9(h_1(x_7), h_2(x_8), h_3(x_9)) \tag{9.18}$$

假设 I 级装备消耗费用为 S_1,II 级装备消耗费用为 S_2,III 级装备消耗费用为 S_3。

现有一批维修装备要分别发放到舰员级、中继级、基地级保障力量,这批装备中 I、II、III 级维修装备数目分别为 r_1、r_2、r_3 件,要求装备总费用不得超过 S。

完成 A 级故障、B 级故障、C 级故障的维修任务,对三级保障力量的重要性是不同的,因此在分析时需对完成 A 级故障、B 级故障、C 级故障维修任务对各级保障力量的权重进行赋值,可以将这个权重理解为三级保障力量中 A 级故障、B 级故障、C 级故障出现的概率,在表 9.3 中已经明确。同时,在三级维修体制中,对三级保障力量完成维修任务的重视程度是不同的,因此需针对三级保障力量对整个三级维修体制进行权重赋值,综合专家意见,得到表 9.5。

表 9.5　三级保障力量对三级维修体制的权重

保障力量	权重
舰员级	$P_1(0.4)$
中继级	$P_2(0.3)$
基地级	$P_3(0.3)$

9.2.2　装备维修能力规划模型

根据已知条件,建立目标规划模型。

目标函数 Z 为要使得三级维修体制完成故障维修任务的能力。

约束条件为:

(1) 总的装备消耗费用小于等于装备经费。

(2) 下发各保障力量各级维修装备的数目不得超过现有各级维修装备总数。

(3) 各级保障力量中各级维修装备数目小于或等于该装备在该保障力量中完全发挥维修能力的数目且装备数目大于或等于该装备在该保障力量中的最低需求。

建立舰船技术保障装备保障能力模型如下:

$$\text{Max} Z = P_1 \sum_{i=1}^{3} N_i M_i + P_2 \sum_{i=4}^{6} N_i M_i + P_3 \sum_{i=7}^{9} N_i M_i \tag{9.19}$$

约束条件为

$$\begin{cases} r_1 s_1 + r_2 s_2 + r_3 s_3 \leqslant S \\ x_1 + x_4 + x_7 \leqslant r_1 \\ x_2 + x_5 + x_8 \leqslant r_2 \\ x_3 + x_6 + x_9 \leqslant r_3 \\ Y_2 \leqslant x_1 \leqslant Y_1 \\ 0 \leqslant x_2 \leqslant Y_3 \\ 0 \leqslant x_3 \leqslant Y_4 \\ Z_2 \leqslant x_4 \leqslant Z_1 \\ Z_4 \leqslant x_5 \leqslant Z_3 \\ 0 \leqslant x_6 \leqslant Z_5 \\ T_2 \leqslant x_7 \leqslant T_1 \\ T_4 \leqslant x_8 \leqslant T_3 \\ T_6 \leqslant x_9 \leqslant T_5 \end{cases} \tag{9.20}$$

在舰船技术保障装备保障能力影响因素分析的基础上,根据历史维修数据和专家经验,对模型中的相关参数进行赋值,如表 9.6 所示。

表 9.6　维修能力规划模型参数赋值

变量	赋值	变量	赋值	变量	赋值
S_1	3	r_1	80	T_1	15
S_2	5	r_2	50	T_2	5
S_3	10	r_3	28	T_3	15
S	750	Z_1	30	T_4	5
Y_1	50	Z_2	8	T_5	20
Y_2	10	Z_3	30	T_6	3
Y_3	10	Z_4	8	—	—
Y_4	5	Z_5	10	—	—

根据模型计算可以得出相应的变量值,如表 9.7 所示。

表 9.7　维修能力规划变量 a_i、b_i 取值

变量	结果	变量	结果	变量	结果
a_1	0.025	a_4	0.1	b_4	0.364
a_2	0.1	a_5	0.1	b_5	0.364
a_3	0.2	a_6	0.059	b_6	0
a_4	0.045	b_1	0.25	b_7	0.5
a_5	0.045	b_2	0	b_8	0.5
a_6	0.1	b_3	0	b_9	0.176

因此,各级保障力量的维修能力函数为

$$f_1(x_1) = 0.025x_1 - 0.25 \tag{9.21}$$

$$f_2(x_2) = 0.1x_2 \tag{9.22}$$

$$f_3(x_3) = 0.2x_3 \tag{9.23}$$

$$g_1(x_4) = 0.045x_4 - 0.364 \tag{9.24}$$

$$g_2(x_5) = 0.045x_5 - 0.364 \tag{9.25}$$

$$g_3(x_6) = 0.1x_6 \tag{9.26}$$

$$h_1(x_7) = 0.1x_7 - 0.5 \tag{9.27}$$

$$h_2(x_8) = 0.1x_8 - 0.5 \tag{9.28}$$

$$h_3(x_9) = 0.059x_9 - 0.176 \tag{9.29}$$

由 Matlab 计算可得,$x_1 = 50$,$x_2 = 10$,$x_3 = 5$,$x_4 = 10$,$x_5 = 30$,$x_6 = 10$,$x_7 = 5$,

$x_8 = 5, x_9 = 18$ 时，$\mathrm{Max}Z = 1.28$。

此时，$M_1 = 2.04, M_2 = 0.95, M_3 = 0.051, M_4 = 1.708, M_5 = 1.293, M_6 = 0.199, M_7 = 0.799, M_8 = 0.717, M_9 = 0.567$。根据日常维修实际情况，上述三级保障力量完成各等级故障维修任务的目标符合实际。

9.3　舰船维修保障装备保障能力灵敏度分析

在建立舰船技术保障装备保障能力模型的过程中，对部分参数结合实际情况进行了参数设定，通过设定不同的参数初值，能够了解该参数表示的因素对舰船技术保障装备保障能力的影响程度，即灵敏度分析，经过比较从而得到关键因素。

1. 维修人员能力对舰船技术保障装备保障能力的灵敏度分析

通过改变 L 的值能够得到维修人员能力对舰船技术保障装备保障能力的影响程度。为体现整体性、简易性、直观性的原则，在改变 L 值的过程中分别改变三级保障力量维修人员完成 C 级故障维修任务的概率，以判断哪一级保障力量的维修人员能力对舰船技术保障装备保障能力影响最大。如图 9.1 所示。

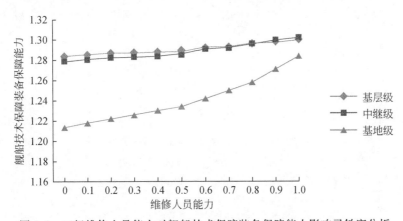

图 9.1　三级维修人员能力对舰船技术保障装备保障能力影响灵敏度分析

2. 装备维修能力对舰船技术保障装备保障能力的灵敏度分析

通过改变 V 的值能够得到装备维修能力对舰船技术保障装备保障能力的影响程度。在改变 V 值的过程中分别改变三等级维修装备完成 C 级故障维修任务的概率，以判断哪一级维修装备的维修能力对保障能力影响最大。如图 9.2 所示。

由图 9.1 和图 9.2 可得，在影响舰船技术保障装备保障能力的因素中，维修装

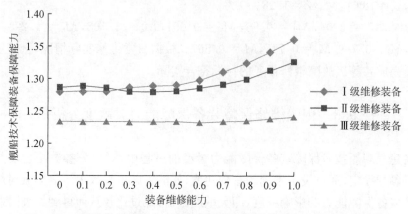

图 9.2　三级装备维修能力对舰船技术保障装备保障能力的灵敏度分析

备维修能力对保障能力的影响最大,且Ⅰ级维修装备维修能力对舰船技术保障装备保障能力的影响最大,而维修装备的维修能力受装备数量的影响,因此在三级维修体制下,在满足装备经费、维修时间等因素的前提下,适当增加Ⅰ级维修装备的装备数量对提高三级维修体制的保障能力具有明显效果。

第 10 章　舰船维修保障装备匹配优化

10.1　任务和维修保障装备的分解

能力需求分析[1, 2]是基于能力的舰船维修保障装备优化匹配分析的核心,维修保障任务需要能力支持,能力通过任务得以体现,任务是实现单位维修保障的具体行为,舰船维修保障装备是能力的载体,舰船维修保障装备是维修能力得以实现的物质基础。因此,基于能力的舰船维修保障装备优化匹配能够很好地把军方的需求体现到维修装备上来,其需求分析过程中的概念模型如图 10.1 所示。

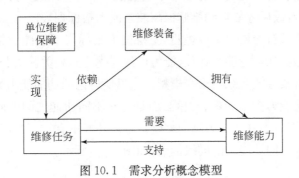

图 10.1　需求分析概念模型

1. 维修保障任务的能力映射

维修保障任务的完成需要能力的支撑,根据不同的维修保障任务可以映射出不同的能力,不同任务所需要的能力大小也不同,本节称为能力值,能力大致包含在检测能力 r_1、分析能力 r_2、拆卸能力 r_3、检查能力 r_4、修理能力 r_5、安装能力 r_6、调试能力 r_7 这七种能力之中。维修保障任务 t 满足映射 $t = f_2(r_1, r_2, \cdots, r_7)$。

2. 维修保障装备的能力映射

维修保障装备是舰船维修保障的基础,舰船维修保障装备种类繁多,形态各异,拥有的功能也不相同。为了能实现基于能力的维修保障装备优化匹配,必须将装备进行能力分解。从装备到能力比较抽象,为了更好地、更完全地分解,将装备先进行功能分解,维修保障装备 P 功能的实现必定有能力的支撑,以功能连接装备和能力,维修保障装备 P 满足映射 $P = f_2(r_1, r_2, \cdots, r_7)$ 。

3. 映射的几个规则

根据维修保障装备、任务与能力指标之间的关系,其规则 f 可分为以下几个规则:解析规则、推理规则、缺省规则[3]。解析规则就是当维修保障装备能力值大于或等于任务需要能力值时,维修保障就会成功;推理规则适用于维修保障装备与能力指标之间无确定函数关系,只有相互影响的情况,如根据任务要求的不同检测精度,可以选择相对应的检测装备;缺省规则是指能力值可以根据战场环境、态势变化而变化。

4. 维修保障装备能力横向聚合模型

将维修保障装备进行功能分解是能力需求的获取过程,然而,人们需要的是获得每个维修保障装备的能力。有了单个功能能力获取的模型,需要对多个功能能力需求进行聚合,最后才能得到维修保障装备能力指标列表。

能力指标体系符合层次结构模型,上层能力指标与下层能力指标呈现垂直或者纵向关系,因此,在讨论能力评估、能力设计与优化等相关能力分析问题时,能力聚合多采用垂直聚合或者纵向聚合模型。这里要讨论的功能能力聚合并非是底层能力指标向上层能力指标的聚合过程,而是指对不同功能之间的同级能力进行聚合,是能力横向聚合而并非能力纵向聚合。不同功能中有重复的能力,采用横向能力聚合模型整合不同功能中的同级能力,如图 10.2 所示。

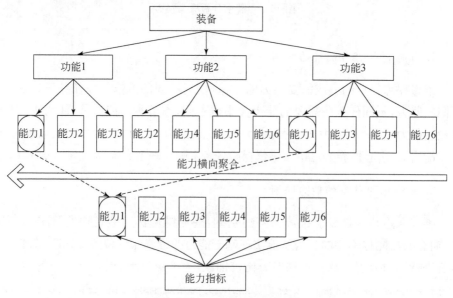

图 10.2　能力横向聚合模型

10.2　舰船维修保障装备优化匹配过程

基于能力的舰船维修保障装备优化匹配基本思想是：从维修保障的舰船装备出发，在一定的经济约束下，从应对广泛的现代挑战和多变环境所需要的能力进行规划，进而提出某单位维修保障装备优化匹配方案。其过程是：首先，广泛辨识单位可能产生并应该自己完成的维修保障任务，理解能力的需求；然后，将维修保障任务分解，对能力进行分析，其实就是对舰船装备进行功能分解，分析需要的能力；最后，根据能力需求优化匹配维修保障装备。基于能力的舰船维修保障装备优化匹配不仅考虑某个任务需要的维修保障装备，而且考虑一个单位应该匹配的维修保障装备，以应对该单位可能出现的维修保障任务，遵循"单位可能出现的任务—必要的能力—能力需求方案—装备优化匹配"的逻辑思路。其本质是将一个单位的抽象维修保障任务进行汇总，转变成为具体的维修保障装备能力需求，并通过一定的联系，以能力为桥梁转换为维修保障装备需求的过程。

为了构建优化匹配模型，首先对问题进行约束，设定了相关假设及说明。

通常，某一维修保障任务的处理需要具备处理这一任务的所有条件，这些条件包括足够的维修保障装备资源、维修保障装备资源在维修任务区域集结完毕以及该任务准备就绪。由此，维修保障检测任务由维修保障检测装备资源进行处理需要具备如下条件和约束：

（1）维修保障装备调度到任务处不需要时间和资源消耗。

（2）维修保障装备都是完好的，能正常使用。

（3）操作维修保障装备的人员数量能完全满足装备的需要，且能力素质不影响装备的使用，不考虑人员的资源消耗。

（4）维修环境无影响。

（5）假设维修保障装备能 100% 维修保障成功。

（6）任务中每个任务不同时进行。

设某一单位共有 10 个维修保障任务，分别是 t_1、t_2、t_3、t_4、t_5、t_6、t_7、t_8、t_9、t_{10}，根据映射规则 f_1，维修保障任务可能需要的能力分别为 r_1、r_2、r_3、r_4、r_5、r_6、r_7。设共有 20 种维修保障装备，分别为 P_1、P_2、…、P_{20}。现在要从 20 种维修检测装备中选择出一定数量的维修保障装备，组成维修保障装备平台来为该单位匹配。每个维修保障任务的综合效益是检测时间和消耗资源的综合，最终维修保障任务的综合效益总和要尽量小。

维修保障过程模型是对完成任务的组织过程的定量描述。为了描述出维修保障装备是否能够对某任务进行维修保障，对任务的能力需求提出需求能力值的概念,即维修保障装备的能力值必须大于或等于任务需求能力值,这样维修保障装备才能够对该任务进行维修保障,t_{ij} 为任务 t_i 的能力需求 r_j,例如,任务 t_1 的能力需求值为 $[3,0,0,7,8,0,0]$,$t_{11}=3$,表示任务 t_1 对于能力指标 r_1 需要 $r_1 \geqslant 3$ 的维修保障装备来进行维修保障。根据映射规则 f_1,维修保障任务与能力存在映射关系,建立维修保障任务、能力需求的定量关系表,如表 10.1 所示,表中数值说明维修保障任务需要此项能力值的大小。

表 10.1　　任务—能力关系表

任务数据		能力值需求						
任务 ID	任务	r_1	r_2	r_3	r_4	r_5	r_6	r_7
1	t_1	3			7	8		
2	t_2			6			7	
3	t_3	4	5		6			
4	t_4		6	5			8	
5	t_5	4			7			
6	t_6	2	5					
7	t_7			6		7		
8	t_8		5					
9	t_9	3						8
10	t_{10}				6			8

根据映射规则 f_2,维修保障装备与能力之间不存在函数关系,维修保障装备能力属性参数包括装备能力指标、装备单位时间消耗、装备单位消耗资源,装备单位消耗资源包括成本、电费、水费、人力等。P_{kj} 表示维修保障装备 P_k 的能力值为 r_j,例如,维修保障装备 P_k 的能力值为 $[3,0,0,8,0,0,0]$,$P_{11}=3$,表示维修保障装备 P_1 的能力指标 r_1 为 3,即维修保障装备 P_1 能够维修保障 $r_1 \leqslant 3$ 的任务。单位时间 T 表示某装备进行维修保障时每一能力值所消耗的时间,单位消耗 C 表示某装备进行维修保障时每一能力值所消耗的资源。例如,装备 P_1 对任务 t_1 进行维修保障,就能力 r_1 而言,消耗的时间为 $1 \times 3 = 3$,消耗的资源为 $10 \times 3 = 30$。维修保障装备参数如表 10.2 所示。

表 10.2　维修保障装备参数表

ID	装备	r1	r2	r3	r4	r5	r6	r7	单位时间 T	单位消耗 C
1	P_1	3							1	10
2	P_1				8				4.5	16
3	P_2	5							1.5	12
4	P_2					7			5	17
5	P_3			6					3	15
6	P_3				9				5	17
7	P_4		5						2	13
8	P_4				9				5.5	18
9	P_5	4							2	13
10	P_5			7					3.5	16
11	P_5							8	6	21
12	P_6		7						2.5	14
13	P_6				6				4.5	17
14	P_7		6						3	16
15	P_7			5					4	16
16	P_8				8				6	19
17	P_8							9	5	23
18	P_9	6							1.5	11
19	P_9				5				5	18
20	P_9							8	7	22
21	P_{10}		3						2.5	15
22	P_{10}					6			5.5	18
23	P_{11}			6					3.5	15
24	P_{11}						6		5.5	18
25	P_{12}	3							2	12
26	P_{12}				8				5.5	19
27	P_{13}		4						3	15
28	P_{13}						8		6	19
29	P_{14}	5							2.5	14
30	P_{14}						8		6.5	20
31	P_{15}		6						3.5	16
32	P_{15}					7			6	18
33	P_{16}			4					4	16
34	P_{17}		7						4.5	17
35	P_{17}						7		7	22
36	P_{18}	7							1	11
37	P_{18}					8			6.5	20
38	P_{19}			7					5	17
39	P_{19}							8	7.5	23
40	P_{20}		5						2.5	14
41	P_{20}						9		6	23

　　任务出现的频率是不同的,所以该单位任务发生的频率是不同的,本节假设已给出每个任务产生的频率大小(可根据实际情况进行修改),如表 10.3 所示。

表 10.3　维修保障任务频率

维修保障任务频率		维修保障任务频率	
任务	频率 f	任务	频率 f
t_1	5	t_6	7
t_2	10	t_7	2
t_3	3	t_8	8
t_4	1	t_9	4
t_5	6	t_{10}	9

完成每一个维修保障任务的综合效益为 $W_i, i \in \{1,2,3,4,5,6,7,8,9,10\}$，综合效益由修理时间和消耗资源综合影响，即 $W_i = aS_i + bC_i$，W_i 越小，综合效益越好，设 $a = 0.8, b = 0.2$。

单位维修保障装备种数中每多一种装备就会多一个 M，单位匹配装备种类为 N，完成所有任务的固定消耗为 NM，设 $M = 30$。

10.3　舰船维修保障装备优化匹配模型及算法

1. 模型建立

维修保障装备优化匹配是组合优化问题，而集覆盖问题是组合优化中的典型问题。通过集覆盖问题来解决该问题是可行的。

建立如下参数：任务 t 的矩阵 t_{ij} 和每个任务的发生频率矩阵 f_i，维修保障装备矩阵 P_{kj}，以及每种维修保障装备的时间消耗矩阵 T_{kj} 和资源消耗矩阵 C_{kj}。

维修保障装备优化的数学模型为

$$\min\left\{ \sum_{k=1}^{20} \sum_{i=1}^{10} \sum_{j=1}^{7} t_{ij} f_i x_k (0.8T_{kj} + 0.2C_{kj}) + NM \right\}$$
$$\text{s. t.} \quad t_{ij} \leqslant P_{kj}$$
$$P_{kj} > 0, t_{ij} > 0$$
$$x_k \in \{0,1\} \tag{10.1}$$

式中，x_k 是为了确定 P_k 维修保障装备是否被选中完成任务而设立的，若选中则为 1，若未被选中则为 0。

2. 自适应遗传算法在优化中关键算子的实现

上述问题的非凸性、非连续性等特点决定了用常规优化方法不能有效求解。遗传算法是一种全局优化搜索算法，对于求解不连续、不可微、可行域为非凸的优化问题有独到之处[4,5]。结合上述模型，算法的基本要素确定步骤如下。

1）编码方式

对于高维、连续优化问题和对问题的解要求精度较高时，使用二进制编码常常是不方便的，为了直接使用问题变量进行编码，这里采用实数编码的方式进行编码。实数编码适合带有连续变量的复杂机械优化设计问题，同时避免标准遗传算法编码和解码过程，自然也避免了离散变量二进制编码多余代码问题。因此，实数编码遗传算法比二进制编码遗传算法更适用于数值优化问题。

2）初始种群的产生

一般群体规模会影响遗传优化的最终结果以及遗传算法的执行效率。当群体规模太小时,遗传算法的优化性能一般不会太好,而采用较大的群体规模则可减少遗传算法陷入局部最优解的机会,所以这里选择多个可行解来作为初始群体。每个任务虽然达到了完成的要求,但是维修保障装备的性能和消耗不同以及种类数也会影响最终的消耗,需再进一步进行优化。

3. 模型的求解算法

上述问题的非凸性、非连续性等特点决定了用常规优化方法不能有效求解。遗传算法是一种全局优化搜索算法,对于求解不连续、不可微、可行域为非凸的优化问题有独到之处。结合上述模型,算法的基本要素确定步骤如下。

1) 编码选择和生成初始种群

假设任务集合 $t = \{t_1, t_2, \cdots, t_{10}\}$;维修保障装备集合 $P = \{P_1, P_2, \cdots, P_{20}\}$。那么,染色体为 $x_1 x_2 \cdots x_{20}$。

为了使随机产生的初始种群都在约束条件范围内,在计算机随机产生初始种群时加入可行性分析,即被选择的维修保障装备所具备的能力是否能完成所有的任务。

2) 选取交叉和变异规则

针对实数编码,交叉操作采用类部分匹配交叉(partial matching crossover, PMC)法,交叉概率 $p = 0.8$,该方法能够有效地继承父代的部分基因成分,并且该算法趋向于使群体具有更多的优良基因,实现寻优的目的。与其他交叉方法相比,这种方法在两个父代个体相同的情况下仍能产生一定程度的变异效果,这对维持群体的多样化特性有一定的作用。采用交换两点基因值的变异策略,变异概率 $p_m = 0.05$,即采用随机多次对换方式,依据一定的变异概率来决定是否进行变异操作。每次变异完之后进行可行性分析。

3) 终止判据选择

由于求解多资源在多个任务间的最优分配问题时,最优解事先无法知道,只能只能采用给定一个最大迭代次数作为终止判据。

4. 算法步骤

用遗传算法求解多种资源在多个网络计划中的最优分配问题,具体算法步骤如下:

(1) $n = 1$,随机产生若干个分配方案,约束条件判断,进行可行性分析,符合条件的就作为初始种群中的个体。

(2) 根据目标函数对个体进行计算,选择出最优的匹配。

(3) 根据类 PMX 方法以及变异策略进行交叉和变异,产生新一代个体,约束条件判断,进行可行性分析,不符合条件的转至步骤(4)。

(4) 令 $n=n+1$,转至步骤(2)。

(5) 当 n 大于最大迭代次数时,终止遗传算法。

(6) 输出最优解结果。

遗传算法能较快地搜索到接近最优解的区域,而要达到最优解需要较长的时间,并且能否收敛与初始种群及交叉变异规则的选择等有关。当任务中不需要得到精确最优解时,遗传算法完全能以较快的速度得到满意的最优解。为了说明方法的有效性,给出以上维修保障任务的匹配算例,通过 Matlab 编码计算,当迭代次数为 1000 次时,优化选择出维修保障装备 P_1、P_2、P_3、P_5、P_9、P_{11}、P_{12}、P_{14}、P_{15}、P_{17}。总的综合效益为 $W=406.60$。匹配结果如表 10.4 所示。

表 10.4　维修保障装备优化匹配方案

ID	任务	维修检测设备							ID	任务	维修检测设备						
		r_1	r_2	r_3	r_4	r_5	r_6	r_7			r_1	r_2	r_3	r_4	r_5	r_6	r_7
1	T_1	P_{14}							12	T_5	P_{14}						
2	T_1				P_3				13	T_5					P_2		
3	T_1					P_2			14	T_6	P_{12}						
4	T_2			P_{11}					15	T_6			P_{15}				
5	T_2						P_{11}		16	T_7			P_{17}				
6	T_3	P_{14}							17	T_7					P_2		
7	T_3		P_{15}						18	T_8			P_{15}				
8	T_3				P_1				19	T_9							P_9
9	T_4		P_{15}						20	T_9	P_{14}						
10	T_4			P_{11}					21	T_{10}				P_1			
11	T_4					P_{11}			22	T_{10}							P_5

按照经验完成任务,维修保障装备的选择会有很多,如可以选择出维修保障装备 P_2、P_3、P_5、P_6、P_9、P_{11},维修保障装备的种类虽然变少了,但是综合效益变高了许多,$w'=824.4$,综合效益多了一倍多。由此可以看出,经验方法不仅效率低,而且浪费资源,所以本节的匹配方法达到了优化的目的,有较好的可实用性。具体的经验维修保障装备配置如表 10.5 所示。

表 10.5　维修保障装备经验匹配方案

ID	任务	维修检测设备							ID	任务	维修检测设备						
		r_1	r_2	r_3	r_4	r_5	r_6	r_7			r_1	r_2	r_3	r_4	r_5	r_6	r_7
1	T_1	P_2							12	T_5	P_2						
2	T_1				P_3				13	T_5					P_2		
3	T_1					P_2			14	T_6	P_2						
4	T_2			P_3					15	T_6		P_6					
5	T_2						P_{11}		16	T_7			P_3				
6	T_3	P_2							17	T_7					P_2		
7	T_3		P_6						18	T_8		P_6					
8	T_3				P_6				19	T_9							P_9
9	T_4		P_6						20	T_9	P_2						
10	T_4			P_3					21	T_{10}					P_6		
11	T_4						P_{11}		22	T_{10}							P_5

参 考 文 献

[1] 舒宇. 基于能力需求的武器装备体系结构建模方法与应用研究[D]. 长沙:国防科学技术大学,2009.

[2] 王剑飞,郭嘉诚,周云富. 联合作战能力需求分析方法研究[J]. 军事运筹与系统工程,2009, 23(2):30—34.

[3] 豆亚杰. 面向元活动分解的武器装备体系能力需求指标方案生成方法研究[D]. 长沙:国防科学技术大学,2011.

[4] 林武星,吴泽. 基于自适应向量评估遗传算法的水资源优化配置模型及应用[J]. 南水北调与水利科技,2008,6(3):69—71.

[5] Ozdamar L. A genetic algorithm approach to a general category project scheduling problem [J]. IEEE Transactions on Systems Man and Cybernetics,Part C:Applications and Reviews, 1999,29(1):44—59.

第 11 章　舰船维修保障装备适应性优化决策模型

11.1　舰船维修保障装备体系能力优化目标函数

（1）实现顶层规划：逐步实现。可以描述为 $M_P = \{M_{P_1}, M_{P_2}, \cdots, M_{P_n}\}$，其中，$M_{P_i}$ 表示规划中第 i 项需要完成的舰船技术保障装备建设任务。这些任务之间具有顺序、并行等逻辑关系。这些任务对应的费用消耗可以描述为

$$F_P = \{F_{P_1}, F_{P_2}, \cdots, F_{P_n}\} \tag{11.1}$$

（2）满足现实的任务要求。假设进行 N 年的规划，相应地，每年都有必须要完成的使命任务。对应的可以描述为 $M_T = \{M_{T_1}, M_{T_2}, \cdots, M_{T_n}\}$，其中，$M_{T_i}$ 表示规划中第 i 年为完成舰船技术保障任务而必须开展的装备建设，M_{T_i} 可以继续细分到具体的舰船技术保障装备。这些任务对应的费用消耗可以描述为

$$F_T = \{F_{T_1}, F_{T_2}, \cdots, F_{T_n}\} \tag{11.2}$$

（3）根据技术发展情况，不断提高舰船技术保障能力水平。假设进行 N 年的规划，对应的可以描述为 $M_O = \{M_{O_1}, M_{O_2}, \cdots, M_{O_n}\}$，其中，$M_{O_i}$ 表示规划中第 i 年为提高舰船技术保障体系能力而开展的装备建设，M_{O_i} 可以继续细分到具体的舰船技术保障装备。这些任务对应的费用消耗可以描述为

$$F_O = \{F_{O_1}, F_{O_2}, \cdots, F_{O_n}\} \tag{11.3}$$

优化的目标是要在保证满足实际舰船技术保障使命任务要求的情况下，尽可能实现体系规划的目标，以及在此基础上对体系能力水平最大化提高。

所以，优化目标函数为

$$\max C_{sys} = \sum_{i=1}^{N} C_{sysi} \tag{11.4}$$

式中，C_{sys} 为体系总的能力，它是规划内各年度能力的总和。

11.2　舰船维修保障装备体系能力优化约束条件

11.2.1　投入约束

根据任务需求，满足年度的舰船技术保障现实任务所必须配备的舰船技术保障装备这些费用消耗是必须支出的；与此同时，顶层规划任务的消耗可以根据实际

进展在年度之间进行适当调整。但总的费用应该不超过规划的总费用 F_{All}。

$$F_P + F_T + F_O = F_{\text{All}} \tag{11.5}$$

式中，$F_P = \sum_{i=1}^{n} F_{P_i}, F_T = \sum_{i=1}^{N} F_{T_i}, F_O = \sum_{i=1}^{N} F_{O_i}$。

对于其中一个年度，同样也存在着费用的约束，规划中第 i 年的费用满足

$$F_{P_i} + F_{T_i} + F_{O_i} = F_{\text{All}i} \tag{11.6}$$

式中，F_{P_i} 为规划任务第 i 年的投入。

11.2.2　舰船技术保障任务量约束

舰船技术保障任务量是不断变化的，主要源于：

（1）新型舰船装备入役，导致舰船数量增加。

（2）当前，舰船执行多样化军事任务、日常训练、巡逻等不断增多，导致舰船技术保障任务增加。

（3）舰船服役时间不断增加，相应的技术保障任务增加。

任务量的增加，相应的对舰船技术保障装备体系能力提出了更高的要求。

$$C_{\text{sys}i}^{\text{new}} = f(\text{Num}_i, \text{Task}_i, \text{Year}_i) C_{\text{sys}i} \tag{11.7}$$

式中，$C_{\text{sys}i}^{\text{new}}$ 为第 i 年舰船技术保障装备体系能力在使命任务数量、舰船装备数量变化的情况下对应的新的能力水平；$f(\text{Num}_i, \text{Task}_i, \text{Year}_i)$ 表示体系能力的修正系数，Num_i、Task_i、Year_i 分别表示当前舰艇数量、舰船技术保障任务数量和当前舰艇的平均服役时间。

11.2.3　舰船技术保障装备体系能力需求变化约束

舰船技术保障装备体系能力需求是随着海军舰船使命任务的变化而不断改变的。并且从近期来看，舰船技术保障能力需求是不断提高的。例如，提高机动保障能力，远程维修保障能力进一步提高，以及随着维修保障体制改革，舰船维修保障向两级的方向转变，相应地对舰船技术保障能力需求将产生变化等。这些实际上对舰船技术保障装备体系能力提出了新的需求，是对原有的体系能力评估权重的重新分配。

$$C_{\text{sys}i}^{\text{new}} = \sum_{i=1}^{m} \omega_i^{\text{new}} C_{\text{SUB}i} \tag{11.8}$$

式中，$C_{\text{sys}i}^{\text{new}}$ 为体系能力的更新值；ω_i^{new} 为新的能力需求产生后各种能力指标之间权衡的新的权重量；m 为权重指标数量；$C_{\text{SUB}i}$ 为第 i 项能力的度量值。

这个过程将会对优化全局产生影响，因此假设在开始规划过程中，即能够预料到相应能力需求，并纳入初始计算过程中。

11.2.4　舰船技术保障组织机构及人员能力水平约束

舰船技术保障人员的训练水平直接影响舰船技术保障装备能力的发挥,通过舰船技术保障训练装备的配备,可以提高舰船技术保障人员的水平,但这种提高程度受到训练装备的约束,并且需要一定的时间才能反映到能力的变化中。

$$C_{\text{sys}i}^{\text{new}} = g(\text{Year}_i)C_{\text{SUB}i} \tag{11.9}$$

式中,$g(\text{Year}_i)$ 为能力变化的系数,随着时间的增加,舰船技术保障人员的能力逐步提升,并最终反映到某项能力上。其曲线一般形式如图 11.1 所示,也大致呈现为一条生长曲线。

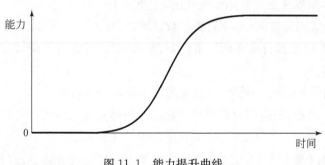

图 11.1　能力提升曲线

11.2.5　舰船技术保障对应的相关技术、标准约束

舰船技术保障装备要与相关的技术、标准相适应。随着技术水平和标准的变化,舰船技术保障装备也必须进行更新。因此,首先预测技术水平的发展,如电子产品更新换代时间为 5～8 年、机械产品更新换代时间为 10～20 年。实际上随着时间推移,舰船技术保障装备能力是在不断下降的,并且下降速度与具体的产品类型密切相关。

$$C_{\text{SUB}}^{\text{new}} = h(\text{Year}_i)C_{\text{SUB}} \tag{11.10}$$

式中,$h(\text{Year}_i)$ 为能力随着时间下降的变化系数。

此外,新的技术对能力的提升程度以及提升速度也是不同的。

$$C_{\text{SUB}}^{\text{new}} = k(C_{\text{MT}}, \text{Year}_i)C_{\text{SUB}} \tag{11.11}$$

式中,$k(C_{\text{MT}}, \text{Year}_i)$ 为能力提升系数;C_{MT} 为能力提升的最大程度。

11.2.6　指挥管理手段变化约束

指挥管理是舰船技术保障装备之间能够相互联系形成系统能力的重要环节,在当前舰船技术保障指挥管理手段较为单一、信息手段不够丰富的情况下,信息手段的提升将会对舰船技术保障能力起到极大的促进作用。当然,指挥管理手段的形成并产生作用需要一定的时间,提高的幅度也与具体的指挥管理手段形式密切相关。

$$C_{\mathrm{SUB}}^{\mathrm{new}} = l(C_{\mathrm{MC}}, \mathrm{Year}_i) C_{\mathrm{SUB}} \tag{11.12}$$

式中, $l(C_{\mathrm{MC}}, \mathrm{Year}_i)$ 为能力提升系数; C_{MC} 为能力提升的最大程度。

舰船技术保障的配置都能够为舰船技术保障能力做出贡献,但在资源相对有限的情况下,需要在满足使命任务现实需求和提高舰船技术保障体系能力两者之间进行权衡。

一方面,需要尽量满足当前任务需求,尤其是新装备的保障任务、核心保障能力需要具备的舰船技术保障装备的配置。这时的优先级如下所示:

(1) 必须完成的舰船技术保障使命任务需求,主要是目前尚不具备能力的新任务需求。

(2) 原有舰船技术保障装备不足以满足新的任务或增加的任务时产生的需求。

(3) 根据建设规划设定的舰船技术保障装备体系能力建设目标以及相应的舰船技术保障装备配置方案。

(4) 舰船技术保障使命任务调整,产生新的能力建设需求。

另一方面,舰船技术保障装备体系能力的优化方面,优先级如下所示:

(1) 具有全局性的能力建设,如电子设备测试维修中心、涂料分析检测中心等。

(2) 指挥管理手段建设,如建立远程维修技术支援中心,开展舰船系统设备维修信息管理等信息化手段,显著提高了舰船技术保障能力。

(3) 训练手段建设。

(4) 标准、技术更新。

(5) 淘汰旧装备。

(6) 其他。

此外,在上述优先级的基础上,还要考虑到装备具体执行的活动、针对的舰船型号、舰船装备类型,相应的优先级为:

(1) 船机电、电子、武器、核潜艇分属不同的业务部门,相应地在投入分配上需要进行一定的均衡。

(2) 在同等条件下,新型主战舰艇的舰船技术保障装备需求优先级高于其他一般舰艇。

(3) 从舰船技术保障活动来看,对应的活动处于较低水平时优先进行舰船技术保障装备配置。当前条件下对技术状态监测、故障诊断装备优先处理。

（4）针对同样的舰船技术保障活动，当能力水平差别不大时，部队级中直接与舰员相关的舰船技术保障装备优先配置。当能力水平差距较大时，优先考虑能力水平低的组织机构。

（5）针对某型舰船系统设备的舰船技术保障装备配置，可以根据任务需要，在各相关的舰船技术保障单位分别配置。例如，优先配置给任务较多的舰船技术保障组织；优先配置给能力水平较低的组织；或者按照地域、类别依次进行配置。

11.3　舰船维修保障装备体系能力适应性优化决策模型

舰船技术保障装备体系规划是基于对未来任务情况、技术发展情况、舰艇数量等变化预测，所采取的舰船技术保障装备配置方案，来获得在整个时间范围内既满足任务需求，又能够使体系能力最大化。但未来的特点就是具有极大的不确定性，预测的任务量可能发生变化，技术发展可能不尽如人意或者超出预计，或者舰船使用过程中突发的各种意外导致舰船技术保障任务。这些不确定性必然给体系规划的效果带来影响。

所谓适应性优化是指，在规划前，事先考虑所预测的事件存在的不确定性，并将这些不确定性纳入规划中，通过对规划进行较小的调整，来实现优化的目标。

舰船技术保障装备体系能力适应性优化决策过程是一个复杂的多阶段决策问题。当规划前期发生随机事件时，可能出现两种情况：

（1）当前规划的资源不能满足需求。此时部分舰船技术保障装备无法进行配置，相应地对后续能力形成产生影响。

（2）当前规划的资源都能够得到满足，并且由于任务需求降低，可以增加新的舰船技术保障装备。

针对上述不同情形，需要对规划方案进行调整，以实现新的条件下优化目标。

规划期间每年的需求可以描述为

$$\text{Request}_i = \langle M_{P_i}, M_{T_i}, M_{O_i} \rangle \tag{11.13}$$

式中，Request_i 为第 i 年所有的需求；M_{P_i} 为规划任务需求；M_{T_i} 为必须完成的使命任务要求；M_{O_i} 为基于能力提升的需求。不确定性体现在某些需求没有出现、增加了新的需求，或者是某个需求的具体量值发生了变化。

当需求发生变化时，将导致部分舰船技术保障装备无法进行配置，或者需要配置范围外的其他装备。假设可能配置的舰船技术保障装备也可以描述为

$$\text{Equipment}'_i = \{e'_{i1}, e'_{i2}, \cdots, e'_{il_i}\} \tag{11.14}$$

对应的适应性优化模型为

$$\max C'_{\mathrm{sys}} = \sum_{i=1}^{N} C'_{\mathrm{sys}i} \tag{11.15}$$

约束条件如下：

首先，当必须完成的使命任务需求发生变化时，相应的舰船技术保障装备必须满足其需求，即

$$\varphi(M_{T_i}) \geqslant 0 \tag{11.16}$$

式中，$\varphi(M_{T_i})$ 表示在第 i 年内必须完成使命任务的完成比例，能够完成某项任务 M_j 时，$\varphi(M_j)=0$；否则 $\varphi(M_j)<0$。

其次，规划的使命任务可以在整个规划期内进行一定程度的调整，当部分任务无法完成时，可以进行适当的延后，即

$$\omega(M_P) \geqslant 0 \tag{11.17}$$

式中，$\omega(M_P)$ 表示所有的规划使命任务在整个规划期内完成情况。当 $\omega(M_j)=0$ 时表示完成了该项任务；否则 $\omega(M_j)<0$。

此外，舰船技术保障年度费用可以在一定范围内进行浮动，但要确保整个规划期间投入不超过初期的预算。

$$(1-\alpha)F_{\mathrm{All}i} \leqslant F'_{\mathrm{All}i} \leqslant (1+\alpha)F_{\mathrm{All}i} \tag{11.18}$$

$$\sum_{i=1}^{n} F'_{\mathrm{All}i} \leqslant F_{\mathrm{All}} \tag{11.19}$$

使命任务需求变化势必影响到后续能力提升类舰船技术保障装备，这些装备的建设首先按照优先级顺序考虑配置；其次在需求产生较大程度变化的情况下，需要综合规划内所有的能力提升类舰船技术保障装备配置进行优化。此时，将对规划内影响到的装备进行重新组合配置，并满足费用约束，即

$$F'_{P_i} + F'_{T_i} + F'_{O_i} = F'_{\mathrm{All}i} \tag{11.20}$$

式中，F'_{O_i} 为由不确定因素导致的使命任务变化以及规划任务变化后的能力提升类舰船技术保障装备配置所产生的费用。实际上，可以根据费用情况在整个规划中灵活配置这些舰船技术保障装备以及可能没有纳入的其他相关内容。可以将所有可能纳入规划的能力提升类舰船技术保障装备形成一个任务包，实际上优化就是在合理调剂规划使命任务的同时，优选能力提升类舰船技术保障装备。

11.4　舰船维修保障装备体系适应性优化算法

为快速、高效地求解舰船技术保障装备体系适应性优化方案，必须在结合舰船技术保障装备体系问题特征的基础上，对当前优化算法进行改进。

当前搜索算法非常多，可以根据目标函数、搜索历史、当前解数量、算法起源、

邻域结构等许多方式进行分类。目前大多数搜索算法采用的是单邻域结构和静态目标函数。从当前解数量的角度进行划分,主要分为单点搜索算法和点集搜索算法,其中单点搜索算法又称为轨迹进化算法,如模拟退火算法、变邻域搜索算法和禁忌搜索算法等;点集搜索算法又称为种群优化算法,主要包括蚁群优化算法、遗传算法和粒子群优化算法等。当前各类算法通过不断融合、借鉴其他算法的思想,难以进行严格的类型划分。本节重点比较种群进化算法,并在此基础上针对舰船技术保障装备体系优化特点,研究改进的思路。

搜索算法的搜索过程是从初始解出发,从当前解的邻域中按照某种策略寻优,搜索优于当前解的方案,主要环节包括搜索空间设计、邻域结构设计、实际邻域产生、当前解的更新、搜索过程终止判定等。在这些要素当中,搜索空间、启发式策略是影响算法效率和最终解的关键问题。

1. 搜索空间

搜索空间与解空间之间并不完全相同。解空间是所有可能解的集合,在这个集合中既有可行解,也有不可行解;而搜索空间属于解空间,不一定完全覆盖所有可行解。

搜索空间很大程度上决定了较优解能够找到的难度,如搜索空间的大小确定了搜索范围及对应的工作量,而搜索空间的拓扑结构确定了搜索难度。拓扑结构也是邻域结构、启发式策略的设计依据。典型的搜索空间拓扑结构包括振荡型、平缓型、U 型三种。振荡型局部极值较多,需要花大力气不断跳出局部极值区域;平缓型重点需要关注搜索方向;U 型相对搜索难度最低。大多数现实情况是三种拓扑结构共存于搜索空间,因此需要在搜索开始时进行识别和划分,并针对不同拓扑结构特点相应地设计邻域结构和启发式策略,从而提高搜索效率。

2. 启发式策略

启发式策略的目标是能够在搜索空间进行快速而又有效的探索。具体来说,就是既能够在当前解周围进行集中搜索以提高解的质量,又在必要时跳出某个邻域,避免陷入局部最优。

从当前轨迹进化算法、种群进化算法两类算法的启发式策略来看,轨迹进化算法通过严格的强化机制进行局部搜索,更有利于获得局部最优解;种群进化算法通过记忆、进化和信息交换等方式,对扩大搜索区域并提高解的质量更具有优势。因此,综合两类算法的优点能够有效提高求解速度和解的质量。

当前种群进化算法众多,应用较为广泛的典型算法包括蚁群优化算法、粒子群优化算法和遗传算法。选择算法时既要考虑到算法的综合性能,又要考虑它们对舰船技术保障装备体系演化问题的适应性。

蚁群优化算法利用信息素的作用,经过不同解的相互影响,最终形成一条最短路径。其中,信息素一般选择与优化目标相关的启发信息,由信息素引导算法向最优解的方向搜索。但舰船技术保障装备体系演化方案的评价并不能由部分数据反映,而是需要对整个时间范围内的分配进行整体权衡,因此很难设计出一个能够反映整体演化方案优劣的启发值,这也使得蚁群优化算法难以适应舰船技术保障装备体系演化方案寻优过程。

粒子群优化算法模拟鱼群和鸟群捕食过程中的聚集行为,通过当前粒子改变速度向量不断向最优解搜索。粒子群优化算法更新算子相对独立,难以应用已有的优化结果。

遗传算法通过模拟生物演化过程中染色体的选择、变异和交叉三种机制实现对物种的优胜劣汰。通过对分配方案进行编码,评价不同方案之间的优劣,并由选择算法将优势方案保留,与本书所研究的舰船技术保障装备体系演化方案优化具有较好的适应性。

11.5　舰船维修保障装备体系能力适应性优化决策案例分析

为了验证本书所提出方法的正确性,这里设计了如下案例。

假设开始决策前,舰船技术保障装备体系能力为 $C_{sys0} = 0.76$。要进行一个为期 3 年的建设规划,其中每年必须完成的任务集合 M_T 如表 11.1 所示,每一个任务均为最小单元,不能分解到多个年份。

表 11.1　现实使命任务及其费用需求

年度	任务	费用需求/万元	年度	任务	费用需求/万元	年度	任务	费用需求/万元
1	M_{T_1}	36	2	$M_{T_{10}}$	2033	3	$M_{T_{21}}$	69
1	M_{T_2}	114	2	$M_{T_{11}}$	52	3	$M_{T_{22}}$	774
1	M_{T_3}	123	2	$M_{T_{12}}$	77	3	$M_{T_{23}}$	35
1	M_{T_4}	557	2	$M_{T_{13}}$	463	3	$M_{T_{24}}$	75
1	M_{T_5}	1355	2	$M_{T_{14}}$	386	3	$M_{T_{25}}$	26
1	M_{T_6}	20	2	$M_{T_{15}}$	24	3	$M_{T_{26}}$	98
1	M_{T_7}	31	2	$M_{T_{16}}$	112	3	$M_{T_{27}}$	297
1	M_{T_8}	452	2	$M_{T_{17}}$	85	3	$M_{T_{28}}$	1022
1	M_{T_9}	425	2	$M_{T_{18}}$	74	3	$M_{T_{29}}$	1547
—	—	—	2	$M_{T_{19}}$	255	3	$M_{T_{30}}$	140
—	—	—	2	$M_{T_{20}}$	39	3	$M_{T_{31}}$	66
合计		3113	合计		3632	合计		4149

根据已制定的舰船技术保障装备体系规划,舰船技术保障装备在 3 年内需要完成的规划任务由集合 M_P 表示,如表 11.2 所示。其中,规划任务分别为直接用于舰船技术保障类装备(Ⅰ)、训练装备(Ⅱ)和指挥管理类装备(Ⅲ)。为了便于描述,这里将任务分解成了最小单元,任务之间的逻辑关系如表 11.3 所示。

表 11.2　规划任务具有的能力及其费用需求

任务	能力	费用需求/万元	所属类别	任务	能力	费用需求/万元	所属类别
M_{P_1}	0.0064	324	Ⅲ	$M_{P_{12}}$	0.0053	264	Ⅰ
M_{P_2}	0.0005	56	Ⅲ	$M_{P_{13}}$	0.0060	201	Ⅰ
M_{P_3}	0.0080	784	Ⅰ	$M_{P_{14}}$	0.0009	41	Ⅱ
M_{P_4}	0.0094	1066	Ⅲ	$M_{P_{15}}$	0.0007	35	Ⅰ
M_{P_5}	0.0078	450	Ⅲ	$M_{P_{16}}$	0.0118	1247	Ⅰ
M_{P_6}	0.0001	33	Ⅲ	$M_{P_{17}}$	0.0067	220	Ⅰ
M_{P_7}	0.0006	97	Ⅱ	$M_{P_{18}}$	0.0004	49	Ⅰ
M_{P_8}	0.0018	144	Ⅰ	$M_{P_{19}}$	0.0008	94	Ⅰ
M_{P_9}	0.0032	304	Ⅰ	$M_{P_{20}}$	0.0006	78	Ⅰ
$M_{P_{10}}$	0.0101	754	Ⅲ	$M_{P_{21}}$	0.0007	63	Ⅰ
$M_{P_{11}}$	0.012	87	Ⅱ	$M_{P_{22}}$	0.0022	265	Ⅱ

表 11.3　规划任务之间的逻辑关系

任务	紧前任务	任务	紧前任务
M_{P_1}	无	$M_{P_{12}}$	无
M_{P_2}	无	$M_{P_{13}}$	无
M_{P_3}	无	$M_{P_{14}}$	M_{P_7}
M_{P_4}	M_{P_1}	$M_{P_{15}}$	M_{P_8}
M_{P_5}	M_{P_1}	$M_{P_{16}}$	$M_{P_{15}}$
M_{P_6}	M_{P_2}	$M_{P_{17}}$	M_{P_9}
M_{P_7}	无	$M_{P_{18}}$	M_{P_9}
M_{P_8}	无	$M_{P_{19}}$	无
M_{P_9}	无	$M_{P_{20}}$	$M_{P_{12}}$
$M_{P_{10}}$	M_{P_4}、M_{P_5}、M_{P_6}	$M_{P_{21}}$	无
$M_{P_{11}}$	无	$M_{P_{22}}$	无

能力提升类任务集合 M_O 如表 11.4 所示。其中,能力提升类任务分别为直接用于舰船技术保障类装备(Ⅰ)、训练类装备(Ⅱ)和指挥管理类装备(Ⅲ)。

表 11.4　能力提升类任务具有的能力及其费用需求

任务	能力	费用需求/万元	所属类别	任务	能力	费用需求/万元	所属类别
M_{O_1}	0.0014	74	I	$M_{O_{15}}$	0.0003	34	I
M_{O_2}	0.0035	96	I	$M_{O_{16}}$	0.0010	91	I
M_{O_3}	0.0060	246	III	$M_{O_{17}}$	0.0009	87	I
M_{O_4}	0.0004	84	I	$M_{O_{18}}$	0.0027	97	I
M_{O_5}	0.0008	450	I	$M_{O_{19}}$	0.0018	68	I
M_{O_6}	0.0071	945	II	$M_{O_{20}}$	0.0067	258	III
M_{O_7}	0.0006	37	I	$M_{O_{21}}$	0.0004	49	I
M_{O_8}	0.0008	44	I	$M_{O_{22}}$	0.0001	53	I
M_{O_9}	0.0032	94	I	$M_{O_{23}}$	0.0002	28	I
$M_{O_{10}}$	0.0011	67	III	$M_{O_{24}}$	0.0007	74	II
$M_{O_{11}}$	0.0108	1254	I	$M_{O_{25}}$	0.0012	165	III
$M_{O_{12}}$	0.0024	105	II	$M_{O_{26}}$	0.0021	140	I
$M_{O_{13}}$	0.0067	302	I	$M_{O_{27}}$	0.0062	262	I
$M_{O_{14}}$	0.0095	354	I	$M_{O_{28}}$	0.0087	329	III

假设 1：在没有增加新的舰船技术保障装备的情况下，舰船技术保障体系能力是随着时间不断下降的，并且每年下降的幅度相等，均为 0.05。即开始决策前，舰船技术保障装备体系能力为 C_{sys0} ＝0.76，那么经过每年下降 0.05，三年后舰船技术保障装备体系能力将变为 C_{sys0} ＝0.61。

假设 2：为完成现实使命任务所配置的舰船技术保障装备，也可以提高舰船技术保障装备，3 年内提高的幅度分别为 0.02、0.03、0.03。

假设 3：舰船技术保障人员的训练水平当前为 0.80，通过训练类装备可以提升训练水平，从而提高能力提升度。能力提升类装备提升的能力值与训练水平的关系为：新的能力值＝能力提升值×训练水平。

假设 4：指挥管理水平当前的度量系数值为 1。能力提升类装备提升的能力值与指挥管理水平的关系为：新的能力值＝能力提升值×（1＋指挥管理类装备能力度量系数）。

假设 5：每年相关的舰船技术保障任务可能存在的不确定因素可以通过分析提前预测，具体情况如表 11.5 所示。

表 11.5　存在不确定影响的舰船技术保障任务　（费用单位：万元）

一、现实使命任务	
第 1 年	1. 新增任务 M'_{T_1} ，费用为 263
	2. 任务 M_{T_5} 费用区间为 (1355, 1650)
第 2 年	3. 新增任务 M'_{T_2} ，费用为 78
	4. 新增任务 M'_{T_3} ，费用为 104
第 3 年	5. 任务 $M_{T_{27}}$ 费用区间为 (297, 410)

二、规划使命任务
1. 任务 M_{P_3} 费用区间为 (784, 910)
2. 任务 M_{P_9} 能力区间为 (0.0022, 0.0032)
3. 任务 $M_{P_{10}}$ 能力区间为 (0.0092, 0.0101)
4. 任务 $M_{P_{17}}$ 费用区间为 (220, 305)
5. 任务 $M_{P_{20}}$ 只能在第 3 年完成
6. 任务 $M_{P_{21}}$ 、$M_{P_{22}}$ 不能在第 1 年完成

假设 6：三年内总的投入经费为 21200 万元，初步计划三年投入分别为 6600 万元、7000 万元、7600 万元。各年度可以在 20% 的幅度内变化，但总的经费投入不能超出。

由上述条件可以构建相应的数学模型。

假设开始决策前，设定一些初始值，舰船技术保障装备体系能力 $C_{sys0} = 0.76$，训练能力 $\rho_0 = 0.8$，管理能力 $\beta_0 = 0.8$，每年舰船技术保障体系能力下降 $C_d = 0.05$。

设规划任务集合 $P = \{P_1, P_2, \cdots, P_i\}$，$P_i \in \{1, 2, 3\}$，$P_i$ 为第 i 个规划任务，数值表示该任务在第几年完成。规划任务之间还存在逻辑关系，由表 11.5 所示，整理出规划任务逻辑为 $M_{P_1} - M_{P_4} - M_{P_{10}}$ 、$M_{P_1} - M_{P_5} - M_{P_{10}}$ 、$M_{P_2} - M_{P_6} - M_{P_{10}}$ 、$M_{P_8} - M_{P_{15}} - M_{P_{16}}$ 、$M_{P_7} - M_{P_{14}}$，$M_{P_9} - M_{P_{17}}$ 、$M_{P_9} - M_{P_{18}}$，$M_{P_{12}} - M_{P_{20}}$ 。三个任务存在逻辑关系的，很显然任务的完成时间已定。例如，就逻辑 $M_{P_1} - M_{P_4} - M_{P_{10}}$ 而言，$P_1 = 1, P_4 = 2, P_{10} = 3$，这些已定的规划任务便可从任务集合中剔除，将规划任务重新排序，新的规划任务集合为 $P' = \{P'_1, P'_2, \cdots, P'_i\}$，$P'_i \in \{1, 2, 3\}$，这样可以使模型更加简洁。而两个任务存在逻辑关系的，得出大小关系，例如，$M_{P_7} - M_{P_{14}}$，得出的关系为 $P'_7 < P'_{14}$ 。再分别建立如下向量：

$$P'_{1,i} = [P'_{1,1}, P'_{1,2}, \cdots, P'_{1,i}], \quad P'_{1,i} \in \{0, 1\} \tag{11.21}$$

$$P'_{2,i} = [P'_{2,1}, P'_{2,2}, \cdots, P'_{2,i}], \quad P'_{2,i} \in \{0, 1\} \tag{11.22}$$

$$P'_{3,i} = [P'_{3,1}, P'_{3,2}, \cdots, P'_{3,i}], \quad P'_{3,i} \in \{0, 1\} \tag{11.23}$$

表示在第一年、第二年、第三年完成的规划任务，完成为 1，不完成为 0。

设能力提升类任务集合 $O = \{O_1, O_2, \cdots, O_j\}$，$O_j \in \{0, 1, 2, 3\}$，$O_j$ 为第 j 个能力提升类任务，数值表示该任务在第几年完成，0 表示不完成该任务。再分别建立如下向量：

$$O_{1,j} = [O_{1,1}, O_{1,2}, \cdots, O_{1,j}], \quad O_{1,j} \in \{0, 1\} \tag{11.24}$$

$$O_{2,j} = [O_{2,1}, O_{2,2}, \cdots, O_{2,j}], \quad O_{2,j} \in \{0, 1\} \tag{11.25}$$

$$O_{3,j} = [O_{3,1}, O_{3,2}, \cdots, O_{3,j}], \quad O_{3,j} \in \{0, 1\} \tag{11.26}$$

表示在第一年、第二年、第三年完成的能力提升类任务，完成为 1，不完成为 0。

按照第一列为舰船技术保障装备体系能力增加量，第二列为训练能力增加量，第三列为管理能力增加量，第四列为经费支出建立规划任务能力费用矩阵

$$M_{P'}(k,i) = \begin{matrix} P'_1 & P'_2 & \cdots & P'_{13} \\ \begin{bmatrix} 0.0080 & 0 & \cdots & 0 \\ 0 & 0.0006 & \cdots & 0.0022 \\ 0 & 0 & \cdots & 0 \\ 784 & 97 & \cdots & 256 \end{bmatrix} \end{matrix} \tag{11.27}$$

按照规划任务能力费用矩阵建立规则建立能力提升类任务的能力费用矩阵

$$M_O(h,j) = \begin{matrix} O_1 & O_2 & \cdots & O_{28} \\ \begin{bmatrix} 0.0014 & 0.0035 & \cdots & 0 \\ 0 & 0 & \cdots & 0 \\ 0 & 0 & \cdots & 0.0087 \\ 74 & 96 & \cdots & 329 \end{bmatrix} \end{matrix} \tag{11.28}$$

每年固定舰船技术保障装备体系能力增长＝完成现实使命任务提高的舰船技术保障装备体系能力＋已定规划任务提高的能力，则

$$C_{\text{up},1} = 0.02 + 0.0018 = 0.0218 \tag{11.29}$$

$$C_{\text{up},2} = 0.03 + 0.0007 = 0.0307 \tag{11.30}$$

$$C_{\text{up},3} = 0.03 + 0.0118 = 0.0418 \tag{11.31}$$

由于存在已定规划任务，因此训练能力和管理能力每年也有固定增量，训练能力固定增量为 $\rho'_1 = 0, \rho'_2 = 0, \rho'_3 = 0$，管理能力固定增量为 $\beta'_1 = 0.0064 + 0.0005 = 0.0069$，$\beta'_2 = 0.0094 + 0.0078 + 0.0001 = 0.0173$，$\beta'_3 = 0.0101$。第 x 年的训练能力为

$$\rho_x = \rho_{x-1} + \sum_{i=1}^{13} M_{P'}(2,i) P'_{x,i} \beta_{x-1} + \sum_{j=1}^{28} M_O(2,j) O_{x,j} \beta_{x-1} + \rho'_x, \quad x = 1, 2, 3 \tag{11.32}$$

第 y 年的管理能力为

$$\beta_y = \beta_{y-1} + \sum_{i=1}^{13} M_{P'}(3,i)P'_{y,i}\beta_{y-1} + \sum_{j=1}^{28} M_O(3,j)O_{y,j}\beta_{y-1} + \beta'_y, \quad y=1,2,3$$

$$(11.33)$$

每年舰船技术保障装备体系能力为

$$C'_{\text{sys},z} = C'_{\text{sys},z-1} - C_d + C_{\text{up},z} + \sum_{i=1}^{13} P'_{i,z}M_{P'}(1,i)\rho_z\beta_z + \sum_{j=1}^{28} O_{j,z}M_O(1,j)\rho_z\beta_z,$$
$$z=1,2,3 \qquad (11.34)$$

每年的固定经费支出为现实使命任务与已定规划任务之和

$$\begin{cases} F'_1 = 3113 + 324 + 56 + 144 = 3637 \\ F'_2 = 3632 + 1066 + 450 + 33 + 35 = 5216 \\ F'_3 = 4149 + 754 + 1247 = 6150 \end{cases} \qquad (11.35)$$

每年的经费支出为 $F_s = \sum_{i=1}^{13} P'_{s,i}M_{P'}(4,i) + \sum_{j=1}^{28} O_{s,j}M_O(4,j) + F'_s (s=1,2,3)$，每年的计划经费投入为 $I_s(s=1,2,3)$。当每年的经费支出超出计划投入时，将会由于该年任务量过大而引起效率降低，所以引入惩罚函数：

$$f(n)\begin{cases} 1 - \dfrac{F_n - I_n}{I_n}, & F_n > I_n \\ 1, & F_n \leqslant I_n \end{cases}$$

那么每年舰船技术保障装备体系能力为

$$C_{\text{sys},z} = f(z)C'_{\text{sys},z}, \quad z=1,2,3 \qquad (11.36)$$

数学模型为

$$\max(C_{\text{sys}1} + C_{\text{sys}2} + C_{\text{sys}3})$$

$$\text{s.t.}\begin{cases} F_1 \leqslant 7920, \\ F_2 \leqslant 8400, \\ F_3 \leqslant 9120, \\ F_1 + F_2 + F_3 \leqslant 21200 \\ P_{14} > P_7, \quad P_{17} > P_9, \quad P_{18} > P_9, \quad P_{20} > P_{12} \end{cases} \qquad (11.37)$$

优化决策模型求解的一个困难就是经费的不确定性，模型本身的复杂性也很高，并且还存在任务逻辑，传统的求解方法使得求解结果经常无法满足要求，因而，模型求解比较困难。选择合适的模型求解算法对模型系统的完整性同样至关重要，本节将根据优化决策模型问题的特性，对比分析多种算法的优劣并择优，完成算法的程序设计。

针对本节涉及的模型特点：拥有明确的优化目标以及惩罚函数，在大量需求散点中需并行优化计算，最优解不是模型求解的必要条件等，遗传算法无疑是目前最适合优化模型求解的算法。

1. 染色体编码方法和初始种群的产生

本节要对规划任务和能力提升类任务进行规划,而规划任务和能力提升类任务的编码又不相同,所以本节采取分组遗传算法。传统的遗传算法会将染色体编码成 $P'_1P'_2\cdots P'_{13}O_1O_2\cdots O_{28}$,但是在实际操作中进行交叉变异会有比较大的冗余,影响计算速度,所以将染色体进行分组,分为 M_P 组和 M_O 组,染色体编码成 $P'_1P'_2\cdots P'_{13}\mid O_1O_2\cdots O_{28}$,这样将会大大减少编码方案中冗余染色体的产生。

初始种群由计算机随机产生,随机产生的染色体可能不是问题的可行解,因此需要检查每一个初始染色体。一般来说,种群的大小根据问题的实际情况来确定,大致在 20～100 即可满足要求,本节选择种群规模为 40。

2. 适应度函数

遗传算法利用种群中每个个体的适应度值进行搜索,即对于算法迭代过程中每代个体的优劣程度通过个体适应函数进行评价。因此,适应度函数的选取至关重要,它将直接影响遗传算法的收敛速度以及能否找到最优解,适应度函数值越大,被遗传到下一代的概率就越大,解的质量越好。

本节的计算结果要求是三年舰船技术保障装备体系能力之和越大越好,因此适值函数的设计理应把三年的能力之和考虑在内。遗传算法的适应度函数设计如下:

$$\mathrm{Fit}(C) = \sum_{z=1}^{3} C_{\mathrm{sys},z} \tag{11.38}$$

3. 选择算子

在产生新的种群前,首先原有种群中适应度最好的染色体被保留下来,使得算法的每次迭代都能够有不劣于上一代最优个体的染色体。选择策略会影响到遗传算法的性能和结果,分组遗传算法中的选择算子采用轮盘赌的方式进行。第 i 个染色体的适应度值为 $\mathrm{Fit}_i(C)$, $\sum_{i=1}^{40}\mathrm{Fit}_i(C)$ 是种群中所有染色体适应度值之和,那么第 j 个染色体被选择的概率为 $\mathrm{Fit}_j(C)/\sum_{i=1}^{40}\mathrm{Fit}_i(C)$ 。概率反映了个体的适应值在整个个体适应值总和中所占的比例,所占比例越大的个体其所代表的基因结构被遗传到下一代中的可能性也越大。也就是适应度最好的指挥控制资源与决策者匹配方案被保留下来了。

4. 交叉算子

在遗传算法中,交叉操作的作用非常重要,一方面它使得在原来群体中的优良个体的特性能够在一定程度上保持;另一方面,它使得算法能够探索新的基因空间,从而使新群体中的个体具有多样性。

分组遗传算法采用单点交叉,单点交叉是对处于交叉点以右的所有点进行交叉。本节的分组遗传算法中两组的取值范围不相同,为了减少冗余性,在选取交叉点之后,判断交叉点所在的组别,对交叉点以右的所有同一组的点进行交叉。计算步骤如下:

(1) 产生一个1~41的随机整数作为交叉点。

(2) 通过交换交叉点以右同组的部分生成新的染色体。

(3) 修正新的染色体。通过交叉运算后,产生的染色体可能不是问题的可行解,或者适应度比父代更弱,因此需要检查每个后代染色体,直至满足以上条件或者交叉超出一定次数。这样既对原有优秀基因进行了保留,又保证了染色体的完整性与正确性。

5. 算子变异

变异操作是为了避免寻优过程陷入局部最优而设立的,它以其局部搜索能力而作为交叉算子的辅助算子。随机选择一个变异点,判断其所在的组别,再进行随机变化。检查每一个新染色体,判断其可行性和适应性,人为地将变异向更优方向进行。

6. 终止条件

分组遗传算法的终止条件是达到规定的代数。

通过优化计算,获得的优化过程如图11.2所示,遗传算法参数如表11.6所示。

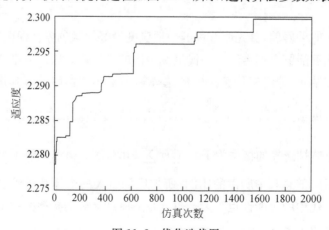

图 11.2　优化迭代图

表 11.6　遗传算法参数表

迭代次数	交叉概率	变异概率	种群规模
2000	0.6	0.1	40

三年总的舰船技术保障装备体系能力最优值为 2.2998,对应的优化决策如表 11.7 所示。

表 11.7　任务优化分配结果

年度	任务	年度	任务	年度	任务	年度	任务	年度	任务
1	M_{P_1}	2	M_{P_3}	2	$M_{P_{21}}$	1	$M_{O_{15}}$	2	M_{O_1}
1	M_{P_2}	2	M_{P_4}	2	$M_{P_{22}}$	1	$M_{O_{16}}$	2	M_{O_7}
1	M_{P_7}	2	M_{P_5}	3	$M_{P_{10}}$	1	$M_{O_{18}}$	2	$M_{O_{12}}$
1	M_{P_8}	2	M_{P_6}	3	$M_{P_{16}}$	1	$M_{O_{21}}$	2	$M_{O_{17}}$
1	M_{P_9}	2	$M_{P_{14}}$	1	M_{O_2}	1	$M_{O_{23}}$	2	$M_{O_{19}}$
1	$M_{P_{11}}$	2	$M_{P_{15}}$	1	M_{O_9}	1	$M_{O_{24}}$	2	$M_{O_{22}}$
1	$M_{P_{12}}$	2	$M_{P_{17}}$	1	$M_{O_{11}}$	1	$M_{O_{26}}$	—	—
1	$M_{P_{13}}$	2	$M_{P_{18}}$	1	$M_{O_{13}}$	1	$M_{O_{27}}$	—	—
1	$M_{P_{19}}$	2	$M_{P_{20}}$	1	$M_{O_{14}}$	1	$M_{O_{28}}$	—	—

由计算结果可以看出,第一年和第二年的任务数量较多,受投入限制,第三年的任务量少了很多。主要原因在于,通过前两年的投入大幅提升舰船技术保障能力后,整体能力处于较高的水平。

训练能力三年的提升分别为

$$\Delta\rho_1 = 0.0126, \quad \Delta\rho_2 = 0.0055, \quad \Delta\rho_3 = 0$$

由此可见,训练能力的提升主要集中在第一年,以后逐年减少,通过训练能力的提升,带动舰船技术保障能力的快速增长。管理能力三年的提升分别为

$$\Delta\beta_1 = 0.0156, \quad \Delta\beta_2 = 0.0173, \quad \Delta\beta_3 = 0.0101$$

第12章 舰船技术保障装备体系建设流程

12.1 舰船技术保障装备决策流程分析

从以往的舰船技术保障装备配置数据可以看出,舰船技术保障装备决策流程还有一些环节需要进一步优化,如进一步深入开展顶层规划与设计,增强统一协调管理;采用定量化手段评估当前舰船技术保障装备能力水平,实现精确化保障与管理;形成更加高效的舰船技术保障装备全寿命管理机制。

决策过程是实施决策的步骤和程序,是人们长期进行决策实践的科学总结。如前所述,正确的决策不仅取决于决策者个人的素质、知识、才能、经验及审时度势和多谋善断,并且与认识和遵循决策的科学程序有着密切的关系。

完整的决策过程大致包括以下阶段。

1. 明确决策问题

决策总是为了解决某一个问题,因此首先要把问题的性质、特征、背景、条件等搞清楚,特别是要找出问题的症结和关键。

2. 设立决策目标

决策目标的设立是决策过程的一个重要步骤,因为目标是决策者所追求的对象,它决定了选择最优方案的依据,而方案的提出也是以目标要求为依据的。决策目标与决策方案互相依赖的逻辑关系是十分紧密的,而且又有普遍的意义。缺乏一个明确的目标,就无从拟定行动方案,更谈不上方案的比较和选择。

目标的设立要允许甚至要争取让不同意见发表出来,这是决策的艺术之一。著名管理学家斯隆(Sloan)和德鲁克(Drucker)都曾强调允许发表不同意见是管理的妙诀。他们认为这样做至少有三个好处:①可防止虚假的附和;②有助于产生可供选择的新方案;③促进想象,得到启发,以纠正错误的想法,发现正确的答案。

在设立目标时需要考虑下列几点:

(1) 目标的针对性。设立目标是为了解决提出的问题,因此目标必须针对问题的症结所在,这是不言自明的。针对性还有另一个方面,即针对决策人的职责范围。例如,同是降低产品成本问题,总厂应有总厂的目标,分厂应有分厂的目标,车间应有车间的目标。下级的目标应从属于上级的目标;上级的目标应落实到下级的目标。

(2) 目标的准确性。目标必须是准确的,即能够促使问题得到解决。它的概念必须明确,时间、数量、条件都要具体地加以规定。这一方面是作为提出可行方案的依据,另一方面是为了有可能对执行的结果进行检查。近年来提倡目标的可计量性,即可以用一定的尺度加以计量,以便采用数学分析方法。

(3) 目标的先进性和可靠性。即要注意建立一个必须经过艰苦努力才能达到的目标,而不是建立一个轻易实现的目标。否则,就不能够调动群众的积极性,充分挖掘潜力。但是还要注意使其有较大的实现可能性,即有较大的可靠性。必须对实现目标的措施、条件、力量等多方面因素加以全面研究、深入分析之后,才能确定实现这个目标有多大的把握,才能确定这个目标是否正确和可靠。手段要以目标作为指导;目标要通过手段来验证。脱离了手段而确立目标,这种目标是空想的,过高的空想的目标不仅不能实现,而且会挫伤群众的积极性,带来不良影响。

为什么说有较大的可靠性,而不说有完全的可靠性? 一个复杂的决策问题总是包含着许多不确定的因素,决策者不可能把以后在贯彻行动过程中所发生的一切情况,包括偶然发生的情况,都料想到,都看得清楚,这是不现实的。因此,一个良好的决策也只能保证有较大的把握实现原定的目标,而不能保证有百分之百的把握实现原定的目标。

(4) 目标的相关性。一项决策可能涉及多项目标,这就要分清哪些是长期目标,哪些是近期目标;哪些是战略目标,哪些是具体目标;哪些是主要目标,哪些是次要目标。并且要进一步明确它们的主从和衔接关系。对于主次目标,还必须确定一个优先顺序,即次要目标服从主要目标,构成一个"分层次目标结构体系",以保证主要目标的实现。

3. 收集信息资料

必要的信息情报资料是正确决策的前提,决策的过程首先是一个信息沟通的过程。如果这个过程受阻失灵,那么就会增加决策的盲目性,造成决策的失误。

4. 拟定可行方案

有了明确的目标,加上收集得到的丰富的信息资料,就可据以拟定可行方案。

研究和提出可行方案要根据本单位的内外条件,采取专家和群众结合的方法,群策群力,集思广益,而不能靠少数人的苦思冥想;要善于启发,使人们解放思想;要重视"奇谈怪论"式的片言只语和"头脑风暴"式的敢想敢言。探索方案开始时最好不要评论褒贬,因为有时看来似属无稽之谈,却能整理出一个不错的方案。在方案形成后,还要鼓励对立意见的挑战。丰富的想象力和创造力往往是在不同意见的刺激与启发下迸发出来的。

各个方案拟订出来之后,还要对每一个方案的可行性进行充分研究和论证。这时,要尽可能深入地分析每一个方案的一切细节,包括措施、组织、资源、人力、经费、时间等,都要通过周密的思考,精确的计算而做出细致的规定。通过论证,只有技术上可行的方案才能作为决策分析中可用以比较、选择的方案。

可行方案应尽可能多一些,应不少于两个。如果只有一个可行方案,也就谈不上决策选择的问题了。

5. 分析比较各个方案

对拟定出的可行方案要根据目标的要求和决策者的价值标准进行分析和比较。分析时,要估计每一个方案在每一个自然状态下可能产生的结果,包括积极的结果和消极的结果。然后,将各个可行方案进行横向比较。有比较,才能鉴别。通过比较,各个方案的正面和反面、优点和缺点、利和弊就可以充分体现出来。

6. 选择方案做出决策

在各个方案分析、比较的基础上,决策者可以对各个方案的优劣、利弊、得失加以全面权衡,从中选定最优方案或满意方案,做出决策。

7. 实施决策

方案选定以后,决策过程可以说是基本结束了,但并没有完全结束,目标是否正确,方案是否满意,都有赖于在方案的贯彻执行中加以验证。因此,必须组织力量,以进行决策方案的实施。

8. 检验实施效果

要在决策方案的实施中检验方案的预计效果。为了将实际效果与预计效果进行比较,要求建立健全的信息反馈渠道,及时收集、整理决策方案实施过程中的有关资料,若发现与预计效果有差异,要有针对性地采取措施加以修正或调整,以保证全部实现决策目标。

整个决策过程的一般程序如图 12.1 所示。

通过上述决策过程可以发现,初期的目标设定、信息收集以及后续实施效果的跟踪评估都是非常重要的。只有过程完整形成闭环,管理过程才是完善的。

从舰船技术保障装备建设的现状中可以发现,目标设立应该更加层次性;信息收集要更全面,摸清能力现状;实施过程要有明确的保障。具体来说,就是要按照

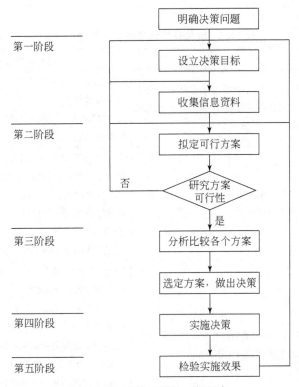

图 12.1　决策过程的一般程序

"需求牵引，技术推动，体系建设"的原则来开展。

　　所谓需求牵引，是指舰船技术保障装备体系发展必须为舰船装备服务，为满足舰船装备的战备完好性、任务成功性服务。具体来说，是能够按时、高质完成各项舰船技术保障任务。并且要能够对需求进行细化，到底哪些舰船系统设备缺乏舰船技术保障装备；哪些舰船技术保障装备能力需要进一步提高；哪些舰船技术保障装备利用率低、功能偏弱，无需继续配置等。

　　所谓技术推动，是指舰船技术保障装备必须通过新技术、新工艺、新材料等创新手段，实现舰船技术保障能力的大幅提升，而不是不断重复配备现有的舰船技术保障装备。

　　所谓体系建设，是指舰船技术保障装备建设与发展应该在综合舰船技术保障能力形成的相关要素的基础上，通过顶层设计与规划，统一协调地发展。既要满足现实使命任务要求，又要从长远考虑，通过转变能力增长模式、提高技术水平等手段和方式，促进舰船技术保障装备成体系发展。

　　对照决策步骤，可以分析当前舰船技术保障装备体系建设决策过程具体的问题与不足,如表 12.1 所示。

表 12.1　舰船技术保障装备决策过程分析

决策步骤	应完成的主要工作	进一步优化建议
明确决策问题	分析当前舰船技术保障装备体系建设的性质、特征等,找出解决需求与能力之间矛盾的关键环节	① 建立舰船技术保障装备体系能力指标体系,用于需求分析; ② 对舰船技术保障装备进行分层、分类调查,摸清现状和底数,找出薄弱环节
设立目标	舰船技术保障装备体系建设的长远目标、年度目标	① 依据海军建设战略以及相关的舰船技术保障体系建设规划,拟制相应的舰船技术保障装备体系配套规划; ② 根据规划形成舰船技术保障装备体系路线图,明确每年的规划任务目标; ③ 将规划任务目标与年度使命任务目标相结合
收集信息	舰船技术保障装备体系相关要素资料收集、趋势预测以及规律分析	① 开展舰船技术保障装备技术发展趋势预测,纳入相应的建设规划中; ② 评价舰船技术保障人员水平与装备之间的匹配水平,根据实际需求配套训练用装备; ③ 根据舰船全寿命周期不同阶段,规划各型舰船的舰船技术保障装备相应的配置模式; ④ 建立定期的调查分析机制,评价当前各类舰船技术保障装备的实际使用情况以及维修保养情况
拟定可行方案 分析比较方案 选择最优方案	建立多个满足目标需求、技术可行、各相关部门接受的方案,并通过权衡后,选择最优方案	① 根据规划目标、实际使命任务目标和能力提升目标等,建立各类舰船技术保障装备配置的优先级,方便快速形成多个可行方案; ② 建立定量化评估方法,对不同舰船技术保障装备体系建设方案做出快速的定量评价; ③ 建立一套方案优化调整方法,对比不同方案实施的效果
组织决策方案实施	具体进行舰船技术保障装备体系建设,不断评价对目标的满足程度,实时调整方案	① 建立分层分类管理目录,明确各级职责和全寿命管理经费来源; ② 根据方案实施效果,动态调整方案或建设目标

12.2　舰船技术保障装备体系决策流程优化设计

"需求牵引,技术推动,体系建设"的原则为舰船技术保障装备建设方案拟制提供了思路:围绕舰船技术保障装备体系优化和建立科学合理的舰船技术保障装备体制,以提高舰船技术保障能力为目标,提出舰船技术保障装备整体的配置方案,拟制舰船技术保障装备建设和发展规划。具体过程如图 12.2 所示。

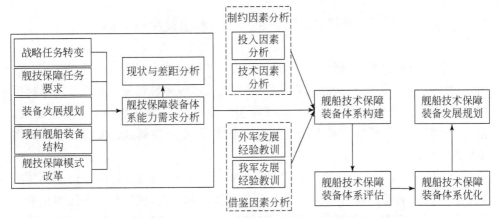

图 12.2　舰船技术保障装备体系形成过程

舰船技术保障装备体系的构建是体系规划的最终目标。首先通过综合舰船技术保障装备体系各要素的变化以及相互影响,明确舰船技术保障装备体系能力需求以及能力差距,综合投入、技术和发展规律,探讨能够达成的体系构成,并对体系构建方案不断进行评估、优化,从而形成顶层的任务规划。

其中,能力需求的形成是一个不断分解、综合的过程。先由顶层粗目标向下分解、协调,再不断综合各方需求,形成初步方案后不断调整目标值,直到最后需求和目标之间达成平衡。

从决策流程来看,主要可以从如下方面进行改进:

(1)事前对基本能力水平有较好的评价和认识。即针对各个舰船技术保障单位建立定量的评价指标体系,分析其舰船技术保障装备能力水平。

(2)对可能产生的结果形成初步判断。构建方案评价模型,对方案进行定量评估,从而为决策者提供数据分析参考。

(3)进行风险评估。舰船技术保障任务需求、技术发展方向和速度、舰船技术保障装备经费的投入等都具有一定的不确定性,通过设定相关因素的风险值,定量分析出目标实现的概率大小。

实际上,舰船技术保障装备体系实施策略要解决的问题是:当前需求和远期规划之间的矛盾问题。如果仅考虑远期规划,那么采用什么样的发展模式都能够实现舰船技术保障装备体系目标。如果仅考虑当前需求,那么舰船技术保障装备体系难以形成合力,并且规划性不强,导致整个体系发展滞后。因此,决策过程需要综合考虑远期发展目标和当前实际需求、使命任务变化情况,两者有机统一,可以在尽可能小的调整的情况下,实现对任务满足程度、远期发展规划目标的共同完成。

12.3　舰船技术保障装备体系建设决策思路

在预测未来若干年舰船技术保障任务需求和舰船技术保障装备体系现状与能力评价的基础上,可以分析能力差距,明确舰船技术保障装备发展需求。再通过适应性优化模型,明确每年的舰船技术保障装备建设计划,实现整体能力水平最高。但模型的计算与分析往往基于大量的假设条件,而实际决策过程中需要考虑的因素更加复杂。

(1) 模型中,为了缩减规模,采用了从海军层面进行分析,忽略了许多具体的舰船技术保障装备性能指标、舰船系统设备具体保障难度、舰船技术保障组织能力水平及其任务强度、舰船技术保障任务过程实施情况、舰船技术保障人员经验、舰船技术保障资料完备程度等一系列实际困难与问题,而这些在实际决策过程中可能是决策者重点关注的指标。

(2) 实际决策过程中,还有一些由于作战地位作用不同所带来的重点建设项目,如针对引进武器系统的技术保障装备采购困难的问题,必须投入较大规模经费进行自行研制和采购。这在模型中也难以全部得到反映。

然而,适应性优化建模与分析过程为舰船技术保障装备决策提供了一种全局优化的观点,并且在对各种舰船技术保障装备能力评估的基础上,具备对各种方案评估的功能,为决策方案从定量分析的角度提供了度量,便于比较不同决策方案之间的优劣。

因此,实际决策过程在定性分析的基础上,应用定量模型评价方案,并且基于分析结果可以对各种配置选项进行排序优选,如图 12.3 所示。

定性与定量结合的关键环节包括以下方面:

(1) 定性决策综合了各种可以量化、无法量化的因素,按照传统的基于职能、隶属关系的原则、舰船型号特征构建了舰船技术保障装备需求的定性排序。由这些定性排序形成的舰船技术保障装备建设方案往往具有较强的可操作性,同时也综合考虑了体系能力优化的目标,对定量模型求解而言,是一个满意度较高的初始解,可以降低求解的复杂度。

(2) 通过对现有能力水平的定量评价,可以发现当前舰船技术保障装备体系建设过程中的薄弱环节,尤其是对体系能力整体水平影响最大的关键因素。由定量评价也可以得到一个舰船技术保障装备需求的优先级排序。

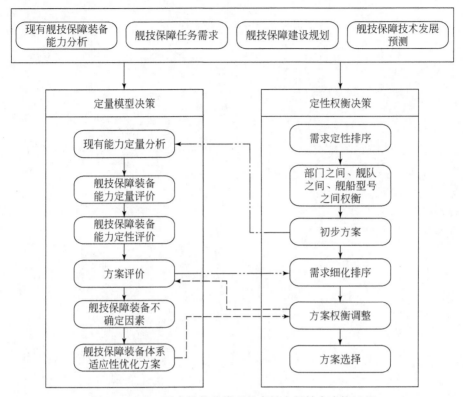

图 12.3 基于适应性优化模型的定性定量结合决策过程

（3）定性决策得到的方案在定量评价模型中可以实现方案的比较，为方案选择及方案优化提供了方向性指导。

（4）通过适应性优化模型，实际上可以得到动态变化任务目标的条件下次优的舰船技术保障装备体系建设方案，以满足整个规划期内目标函数最大化。适应性优化模型提供的定量评价结果对方案权衡的主要方向具有较好的参考意义。

索 引